基金课题
国家自然科学基金课题（31960289、31560214）

中国野生肉豆蔻科的分类学修订

Systematics Revision of Wild Myristicaceae from China

吴　裕　毛常丽　张凤良　等　著

中国农业科学技术出版社

图书在版编目（CIP）数据

中国野生肉豆蔻科的分类学修订 / 吴裕等著. -- 北京：中国农业科学技术出版社，2024.3
ISBN 978-7-5116-6606-2

Ⅰ.①中… Ⅱ.①吴… Ⅲ.①肉豆蔻科－野生植物－植物分类学－修订 Ⅳ.① Q949.747.4

中国国家版本馆 CIP 数据核字（2023）第 256029 号

责任编辑 张国锋
责任校对 李向荣 贾若妍
责任印制 姜义伟 王思文

出 版 者 中国农业科学技术出版社
　　　　　北京市中关村南大街 12 号　　邮编：100081
电　　话 （010）82109705（编辑室）（010）82109702（发行部）
　　　　　（010）82109709（读者服务部）
传　　真 （010）82106625
网　　址 https:// castp.caas.cn
经 销 者 各地新华书店
印 刷 者 北京地大彩印有限公司
开　　本 170 mm×240 mm　1/16
印　　张 12.5
字　　数 240 千字
版　　次 2024 年 3 月第 1 版　2024 年 3 月第 1 次印刷
定　　价 88.00 元

《中国野生肉豆蔻科的分类学修订》
著 者 名 单

吴 裕　　毛常丽　　张凤良　　李小琴

杨 湉　　赵金超　　胡永华　　赵 祺

著者研究任务分工：

1. 总体策划 ………………………………………… 吴 裕　毛常丽
2. 资源调查 ……………… 吴 裕　赵金超　张凤良　胡永华　赵 祺
3. 形态变异分析 …………………………………… 吴 裕　张凤良
4. 分子系统学分析 ………………………………… 毛常丽　吴 裕
5. 苗木繁殖与光合生理测定 ……………… 张凤良　李小琴　杨 湉
6. 油脂成分变异分析 ……………………………… 毛常丽　张凤良
7. 叶片解剖学分析 ………………………………… 吴 裕　杨 湉
8. 分类处理 ………………………………………… 吴 裕　毛常丽

内容简介

　　肉豆蔻科（Myristicaceae）是典型的热带分布科，现存分布区北缘延伸到我国热区，但是已经不连续，形成多个隔离的小居群。受居群隔离和环境异质性的双重影响，使得种内居群间或居群内单株间产生貌似间断性的差别，因而容易把"变异类型"以"不同物种"来看待。再由于种群数量少，能采集到的标本就更少，标本间表现出的差异就更大。实际上，依据我国标本发表的诸多新种都已经被合并，到目前为止仅云南肉豆蔻（*Myrisitca yunnanensis*）保留下来。基于变异的居群是物种的存在形式这个观点，本书采用"模式＋居群"的方法，对我国野生的肉豆蔻科植物进行分类学修订。基于形态学、油脂化学、分子遗传学等数据，结合地理分布，将我国野生肉豆蔻科植物分为 4 个属 8 个种。

　　本书可供树木生物学、植物分类学、生态学、林学、植物资源学、种质资源学、保护生物学等专业的师生和科研工作者，以及从事自然保护区管理的相关人员阅读参考。

前　言

　　本课题组在国家自然科学基金课题（31560214）资助下于 2019 年出版了《特殊油料树种琴叶风吹楠遗传多样性及分类学位置》一书，在最后一章提出了有待研究的若干问题；今在国家自然科学基金课题（31960289）资助下开展了第一个问题的研究工作，本书将介绍其研究进展。

　　瑞典植物学家林奈（Linnaeus）于 1753 年发表《植物种志》，以雄蕊数目为依据将植物界划分为 24 个纲，这标志着人为分类时期的开始，人为地选定 1 个或几个性状来进行分类和排列，后来英国植物学家 G. Bentham 和 J. D. Hooker（边沁 & 虎克）于 1862—1883 年间发表的三卷本《Genera Plantarum》（植物属志）可以认为是代表作。

　　达尔文（Darwin）于 1859 年出版《物种起源》，认为物种并非一成不变，而是随着时空的推移而不断演变，即变异的居群（population）是物种的存在形式，这标志着自然分类时期的开始，例如《中国植物志》采用的恩格勒（Adolf Engler）系统基于"假花说"建立，《云南植物志》采用的哈钦松（J. Hutchinson）系统基于"真花说"建立。虽然这两个系统因认识基础不同而导致排列方式不同，但都是建立在植物形态演化趋势的思想基础之上。

　　孟德尔（Mendel）发表的论文《植物杂交实验》于 1900 年得到几位科学家证实，建立起遗传学，标志着系统发育时期的开始，直至今天。系统发育分类的操作规则是：同一祖先的所有后代都应该放在同一类群中，其依据是以进化谱系为基础，通过谱系图、系统发育树和进化分支图来描述的类群关系。植物系统分类学（plant systematics）已经发展到多学科联合的综合性的分类研究阶段。可以用于植物分类的依据很多，首先是形态学（morphology），容易观察和鉴别，生产生活中也适用；后来发展起来的解剖学（anatomy）、胚胎学（embryology）、孢粉学（palynology）、细胞学（cytology）、化学分类学（chemotaxonomy）、繁殖系统学（reproductive system）等都是分类依据；今天，颇受推崇的是分子系统学

（molecular system），认为 DNA 是最可靠的证据，因为形态特征、解剖结构、生理特征等都是 DNA 在一定环境条件下的表现，属于"后天的衍生"特征，只有 DNA 结构属于"先天的本质"特征。任何证据在分类上都有贡献，也都有局限性，并非"现代的"分子系统学就是万能的方法。假如当初没有依据形态特征和地理分布建立起一个比较全面的分类系统，那么分子系统学研究者可能连"采样"都成问题。现代的化学分类学、分子系统学、数量分类学等都是在传统分类系统的基础上进行采样和分析，对传统的分类系统进行补充和修改，使之更完善。

分类学把生物划分为不同的群，而系统学希望阐明生物类群间的关系。植物系统分类学的主要任务是利用现存的植物（生活植物和化石植物）信息，推导各个类群在地球上的起源和演化过程。可以认为"证据"是客观的，但"推导"却是人为的。今天，开展分子系统学研究，谁也不会乱采一堆样品就开展 DNA、蛋白质等的测定；而是依据现有的分类阶元和地理分布有计划有选择地采样。最终构建的分子系统树可能与传统的分类结果一致，也可能不一致，甚至可能明显相悖。

肉豆蔻科（Myristicaceae）的形态特征特殊而稳定，明显区别于近缘科，但是科的系统位置及其科下分类则争论较多。现存的肉豆蔻科在地球上可分为三大分布区（亚洲–澳洲分布区、非洲分布区、美洲分布区），而且在属种水平上没有跨区域分布的现象。肉豆蔻科在我国的野生分布区狭窄，而且不连续，只能属于肉豆蔻科现存分布区的北部边缘。同一个种由于居群隔离和生境分异的双重影响，在居群水平上貌似存在"间断性"形态差异；由于各个居群的限制性环境因子还有所不同，可能导致某些等位基因频率增加，表现出特化的性状；再由于种群数量少，能采集到的标本更少，对种内变异的连续性认知不足，容易把"变异类型"以"种"来看待。由于客观条件的限制（特别是可进入性差），对某些性状的认识有偏差、有错误，甚至根本就没认识。例如，本课题组野外调查发现了雌雄同株的 1 株风吹楠、2 株假广子和 1 株红光树；连续多年观察了 1 株云南内毛楠，只见开雄花，未见结果实。这些都是群体内极个别的现象。物种以变异的居群为单位生存，认识物种形态特征要能代表居群水平，不能拘泥于某一份标本（包括模式标本）。居群内性状变异大已经是客观事实，所以本书倾向于采用多型种（polytypic species）的概念。

本课题组野外调查发现有些形态特征与文献记录相差甚远，后来的种子油脂测定数据也大相径庭，便对已有的分类结果产生怀疑。故以国内外文献为依据，以国内野生植株为对象，在居群水平上（注重株内变异、居群内变异和居群间变异），从形态学（增加雄蕊盘发育动态、种胚位置、幼苗特征等）、油脂化学（注重主要脂肪酸在种子成熟过程中的动态变化规律和特异脂肪酸的专属性）、分子遗传学（全基因组分子标记和叶绿体基因组序列）方面开展研究，再参考地理分布、光合生理特征等证据综合分析，对我国野生的肉豆蔻科进行分类学修订。本书记录中国野生肉豆蔻科4属8种。

① 内毛楠属（*Endocomia*）1种，云南内毛楠 *E. macrocoma*（Miq.）de Wilde ssp. *prainii*（King）de Wilde（1984），即以前的琴叶风吹楠（*H. pandurifolia*）。

② 红光树属（*Knema*）4种，红光树 *Knema tenuinervia* de Wilde（1979）、小叶红光树 *Knema globularia* (Lam.) Warb.（1897）、假广子 *Knema erratica* (Hook. f. et Thoms.) Sinclair (1961)、密花红光树 *Knema tonkinensis* (Warb.) de Wilde (1979)。其中，云南澜沧江流域野生的狭叶红光树与假广子合并，南滚河流域野生的大叶红光树与澜沧江流域野生的红光树合并。

③ 肉豆蔻属（*Myristica*）1种，云南肉豆蔻 *Myrisitca yunnanensis* Y. H. Li (1976)。

④ 风吹楠属（*Horsfieldia*）2种，大叶风吹楠 *Horsfieldia kingii* (Hook. f.) Warb. (1897)、风吹楠 *Horsfieldia amygdatina* (Wall.) Warb. (1897)。其中，我国野生的海南风吹楠（*H. hainanensis*）和滇南风吹楠（*H. tetratepala*）并入大叶风吹楠。

本研究工作得到国家自然科学基金课题"中国野生肉豆蔻的分类学修订（31960289）"直接资助，以国家自然科学基金（31560214、30872046）的前期工作为基础；在研究过程中，云南南滚河国家级自然保护区管护局秦建春副局长、赵金超高级工程师（著者之一）和李春华工程师，云南西双版纳国家级自然保护区管护局科研所郭贤明正高级工程师，西双版纳纳板河流域国家级自然保护区管理局普文才高级工程师和刘峰正高级工程师，云南省林业和草原科学院热带林业研究所杨德军所长和陈绍安老师协助野外资源调查；云南省热带作物科学研究所各级领导和同事们给予支持和帮助。在此表示感谢！

由于作者水平有限，本书疏漏难免，敬请读者批评指正！

云南省热带作物科学研究所 吴裕

2023 年 7 月 23 日

术语说明

1. Willem J. J. O. de Wilde：为荷兰植物学家，在英文文献和中文文献中使用的名称多样，包括 W. J. J. O. de Wilde，W. J. de Wilde，de Wilde，Wilde，de Wilde W. J. J. O. 等。本书中使用 W. J. de Wilde 或 de Wilde。

2. cataphyll：中文译为"苞叶"，位于花序梗基部，发育成营养叶或鳞片状，在中文文献中常称为苞片。本书中称为"苞叶"。

3. bract：中文译为"苞叶"，位于花序梗分枝处，多数退化为鳞片状，少数发育为营养叶，在中文文献中常称为苞片。本书中称为"苞叶"。

4. bracteole：中文译为"小苞片"，位于小花梗上除基部以外的任何位置（基部属于花序梗分枝处，应为 bract）。在中文文献中常称为"小苞片"。本书中称为"小苞片"。

5. 鳞叶：幼苗萌发时，着生于幼茎下部，呈鳞片状，不发育成营养叶，早落，可以作为分类的形态依据之一。本书中风吹楠属和肉豆蔻属具鳞叶，红光树属和内毛楠属无鳞叶。

6. 月桂酸（12:0）：十二烷酸，lauric acid；系统名称：n-dodecanoic acid。

7. 肉豆蔻酸（14:0）：十四烷酸，myristic acid；系统名称：n-tetradecanoic acid（在有的文献中把十四碳烯酸也称为肉豆蔻酸）。

8. 棕榈酸（16:0）：十六烷酸，plamitic acid，系统名称：n-hexade canoic acid。

9. 硬脂酸（18:0）：十八烷酸，stearic acid，系统名称：n-octadecanoic acid。

目　录

第1章

肉豆蔻科的地理分布

1.1 肉豆蔻科在地球上的分布

肉豆蔻科（Myrisitcaceae）属于热带分布科，主要分布在南北回归线之间，即使在局部地区延伸到较高纬度，但仍然属于雨林群落的组成部分。根据植物科的地理分类（分布型），热带分布科总共约有 250 科，其中分布区只局限于热带的科称为纯热带分布科；一些科主要分布于热带，但分布区边缘到达亚热带或温带，称为泛热带分布科（王荷生，1992）。在有些文献里将肉豆蔻科称为纯热带分布科（王荷生，1992），有些文献又称为泛热带分布科（吴征镒，2003）。

肉豆蔻科在世界热带地区的分布可分为"非洲（含马达加斯加）、美洲、亚洲－澳洲" 3 个分布区，但是各分布区仅有其局限属，没有一个属的分布超过一个热带地区。但要回答哪个热带地区分布哪几个属，这与肉豆蔻科的分类研究动态相关。王荷生（1992）依据哈钦松（Hutchinson）将肉豆蔻科分为 16 属约 380 种的处理，在《植物区系地理》中介绍了属的分布区，其中非洲（含马达加斯加）有 7 个属，美洲有 5 个属，亚洲－澳洲有 4 个属，共计 16 个属（表 1-1）（该书正文引用标注"Hutchinson，1964"，但在参考文献目录中未找到该文献；我们也未查到该文献）。《中国被子植物科属综论》记录了"亚洲 6 属，美洲 5 属，非洲及马达加斯加 8 属"，共计 19 个属（吴征镒，2003）。近几十年来，发表了一些新属和新种，例如，de Wilde（1994）发表了亚洲－澳洲新属 *Paramyristica*；Sauquet（2003）在发表非洲新属 *Doyleanthus* 的论文中记录的参试材料就包括了 *Mauloutchia* 属的 8 个种（与表 1-1 数据差异较大）。肉豆蔻科的分类研究在不断发展，分类框架不断更改。本章不讨论肉豆蔻科分类问题，只介绍地理分布概况。

表 1-1　肉豆蔻科各属的分布区（1992）

分布区	非 洲	美 洲	亚洲 – 澳洲
分布属	1. *Mauloutchia*（1种） 2. *Staudtia*（4种） 3. *Scyphocephalium*（7种） 4. *Brochneura*（4~5种）* 5. *Cephalosphaera*（1种） 6. *Pycnanthus*（5~6种） 7. *Coelcaryon*（7种）	1. *Virola*（40种） 2. *Iryanthera*（20种） 3. *Osteophloeum*（1种） 4. *Compsoneura*（8种） 5. *Dialyanthera*（6种）	1. *Myristica*（100~120种） 2. *Gymnacrantera*（18种） 3. *Horsfieldia*（80~85种） 4. *Knema*（70种）

* 引用原文献中写成 *Bronchneura*，本表根据后来的诸多文献更改为 *Brochneura*。

1.2　肉豆蔻科的亚洲 – 澳洲分布区

肉豆蔻科的"亚洲 – 澳洲"分布区的大概轮廓为"印度—中南半岛—太平洋热带岛屿—澳大利亚"一带。根据表 1-1 的数据，亚洲 – 澳洲分布区有 4 个属，加上 de Wilde（1984；1994）后来建立了 *Endocomia*（内毛楠属）和 *Paramyristica*，至今共 6 个属。肉豆蔻科在亚洲 – 澳洲分布区内有 6 个属 300 多个种，占全科种数的 70% 以上；相反，在非洲热带地区分布的种最少，皆为小属，甚至是单种属。在亚洲 – 澳洲分布区，肉豆蔻属分布区最广，其次是风吹楠属，这两属约有 200 个种，分布于"印度—中南半岛—印度尼西亚—巴布亚新几内亚—玻利尼西亚"一带，两属的分布区大概轮廓基本重复；红光树属和 *Gymnacrantera* 共约 100 个种，分布范围较窄，主要集中在"印度—中南半岛—印度尼西亚—巴布亚新几内亚"一带，分布区轮廓也几乎重复；de Wilde（1984）从风吹楠属中分出 4 个种建立的内毛楠属分布于"印度—中南半岛—马来西亚—新几内亚"一带；*Gymnacrantera* 和 *Paramyristica* 在中国未见分布记录。

据推测，肉豆蔻科早期分化可能在各大洲的轮廓基本形成之后；肉豆蔻科可能起源于今天的"印度—马来西亚"一带（吴征镒，2003）。但是也有学者提出质疑，他们归纳分子学和化石数据，结合生物地理学研究，认为肉豆蔻科是比较"年轻"的类群，但是要远渡重洋实现种子传播显得不可思议（Doyle & Sauquet, 2004）。

1.3　中国野生肉豆蔻科的分布范围

我国热区属于肉豆蔻科分布区的北部边缘。肉豆蔻科在中国分布的最北界是雅鲁藏布江下游的墨脱县。根据《墨脱植物》的记载，墨脱县位于北纬 27°34′~29°56′，东经 93°46′~96°05′之间，最低海拔为 154 m，最高海拔为 7 782 m，其中海拔 600~1 000 m 的雅鲁藏布江河谷及其支流分布有半常绿热带季雨林，其间有红光树属的野生分布（杨宁，2015），但是在《墨脱植物》一书 3 个样地的调查记录中均未查到红光树属的植株。

滇西瑞丽江和大盈江一带的热带雨林向北延伸到北纬 25°左右，海拔 700 m 以下河谷地段，据《中国植物志》记录，本区有红光树属和风吹楠属的野生分布（中国科学院中国植物志编辑委员会，1979）。本课题组在大盈江北岸海拔 600 m 以下的沟谷发现大叶风吹楠野生植株（吴裕，2019），但种群数量少。位于北回归线附近的南滚河流域海拔 1 300 m 以下有风吹楠属和红光树属野生分布（吴裕，2019）。

澜沧江流域的北回归线以南地区热带雨林发育良好，此区是国产肉豆蔻科分布最集中的地区，红光树属成群分布海拔最高达 1 600 m，风吹楠属和内毛楠属零星分布海拔最高达 1 600 m，肉豆蔻属一般分布在海拔 800 m 以下（吴裕，2019）。

红河流域河口县和屏边县低海拔地段少量野生分布（云南省植物研究所，1977），本课题组调查未发现植株，大部分区域已被开垦为农田。广西西南部、海南岛有风吹楠属野生分布，但种类少，分布区破碎，呈"岛状"或"点状"，种群更新困难（中国科学院中国植物志编辑委员会，1979；Wu，2008；蒋迎红，2018）。

1.4 小结

在世界上，肉豆蔻科在低山湿润热带雨林中占有重要的生态位置（Janovec，2003）。从水平分布看，肉豆蔻科在我国的分布区仅是沿着国界边沿呈不连续的几块。西藏的墨脱县是最靠北的一块；云南西部、西南部、南部分布较多，特别是西南部的西双版纳地区分布最集中，种数最多，种群数量最大，大部分分布于沟谷雨林中，因而沿河流呈"树枝状""散点状"分布；广西及海南有少量分布。从垂直分布看，最高可分布到海拔 1 600 m 左右，大部分分布于海拔 800 m 以下地段。湿润的沟谷和洼地分布较多，少数分布到较干燥的山坡或山脊，成群或单株散生。在原始林中是重要的组成成分，在大多数群落中为第二层树种，在少数群落中为第一层树种，但在次生林中则分布稀少。

总结起来，除了海南风吹楠（*Horsfieldia hainanensis* Merr.）只分布在海南和广西以外，其他国产种在云南都有野生分布。在本书中用于分类研究的样品主要采自云南，少数采自广西；因为疫情等原因，未能前往海南和西藏开展调查。

参考文献

蒋迎红，2018. 极小种群海南风吹楠生态学特性及濒危成因分析 [D]. 长沙：中南林业科技大学.

王荷生，1992. 植物区系地理 [M]. 北京：科学出版社 .

吴裕，段安安，2019. 特殊油料树种琴叶风吹楠遗传多样性及分类学位置 [M]. 北京：中国农业科学技术出版社 .

吴征镒，路安民，汤彦承，等，2003. 中国被子植物科属综论 [M]. 北京：科学出版社 .

杨宁，周学武，2015. 墨脱植物 [M]. 北京：中国林业出版社 .

云南省植物研究所，1977. 云南植物志（第一卷）[M]. 北京：科学出版社 .

中国科学院中国植物志编辑委员会，1979. 中国植物志（第三十卷第二分册）[M]. 北京：科学出版社 .

de Wilde W J J O, 1984. *Endocomia*, a new genus of Myristicaceae[J]. Blumea, 30(1): 173-196.

de Wilde W J J O, 1994. *Paramyristica*, a new genus of Myristicaceae[J]. Blumea, 39(1): 341-350.

Doyle J A, Sauquet H, Scharaschkin T, et al., 2004. Phylogeny, molecular and fossil dating, and biogeographic history of Annonaceae and Myristicaceae (Magnoliales)[J]. International Journal of Plant Sciences, 165 (4 Suppl.): S55-S67.

Sauquet H, 2003. Androecium diversity and evolution in Myristicaceae (Magnoliales), with a description of a new Malagasy genus, *Doyleanthus* Gen. Nov.[J]. American Journal of Botany, 90(9): 1293-1305.

Wu Z Y, Raven P H, Hong D Y, 2008. Flora of China (Vol. 7)[M].BeiJing: Science Press: 96-101.

Janovec J P, Neill A K, 2003. Studies of the Myristicaceae: an overview of the *Compsoneura atopa* complex, with descriptions of new species from Colombia[J]. Brittonia, 54(4): 251-261.

第2章

肉豆蔻科的分类研究简史

2.1 肉豆蔻科的系统位置

英国植物学家布郎（Brown）于 1810 年以瑞典植物学家林奈（Linnaeus）建立的肉豆蔻属（*Myristica*）为模式属建立发表肉豆蔻科（Myrisitcaceae）。肉豆蔻科的形态特征特殊而稳定，科的界限明确，以木本、叶全缘、单叶互生、无托叶、单性花、单体雄蕊、单心皮上位子房、单胚珠、种子具假种皮、胚乳常嚼烂状等特征与近缘科容易区分，但是肉豆蔻科在植物分类系统中的位置则争论较多。

伯塞（Bessey）和哈利尔（Hallier）将肉豆蔻科置于毛茛目（Ranales）或番荔枝目（Annonales）中；哈钦松（Hutchinson）则认为肉豆蔻科与樟科（Lauraceae）更接近，故将肉豆蔻科置于樟目（Laurales），与番荔枝科（Annonaceae）明显分开；塔赫他间（Takhtajan）以肉豆蔻科建立单科目，即肉豆蔻目（Myristicales）置于番荔枝目和马兜铃目（Aristolochiales）之间；我国植物分类学家吴征镒（2003）在《中国被子植物科属综论》一书中将木兰纲（Magnoliopsida）分为木兰亚纲（Magnoliidae）和番荔枝亚纲（Annonidae），肉豆蔻科与番荔枝科并列于番荔枝目。Doyle 和 Sauquet 从系统发育、分子和化石数据、生物地理学几个方面对番荔枝科和肉豆蔻科进行比较后认为表面看似合理的解释也存在诸多矛盾的地方（Doyle & Sauquet, 2004）。

根据吴征镒的八纲系统，肉豆蔻科的系统位置为：被子植物门→木兰纲→番荔枝亚纲→番荔枝目→肉豆蔻科；番荔枝目只包括番荔枝科和肉豆蔻科，即表明这两个科是最近缘科（吴征镒，1998，2002，2003；侯学良，2003）。

2.2　世界肉豆蔻科的分类研究简述

肉豆蔻科在科下未见有亚科（subfamilia）和族（tribus）的划分，以肉豆蔻属（Myristica）为模式属，也是最大的属。de Candolle 于 1856 年首次将肉豆蔻科分为 1 属（Myristica）13 组（sectio）90 种；后来 Warburg 进行综合性分类，把一些组上升为属，在 1897 年发表的《Monographie der Myristicaceen》中记录了 15 个属（Janovec & Neill，2002；de Wilde，2002；叶脉，2004）。《云南植物志》《中国植物志》和《中国树木志》记录的诸多种的学名都出自于 Warburg 之手（云南省植物研究所，1977；中国科学院中国植物志编辑委员会，1979；郑万钧，1983）。

根据《Flora of China》的记录，肉豆蔻属约 150 种，风吹楠属（Horsfieldia）约 100 种，红光树属（Knema）约 85 种（Wu，2008）。这 3 个属包括了肉豆蔻科绝大多数的种，其他属皆为小属甚至是单种属。关于肉豆蔻科的科下等级分类，虽然有多位学者发表了不少研究著作，但是直到今天还在不断修订之中。

自 20 世纪以来，国外学者对肉豆蔻科的分类进行了系统研究。根据王荷生（1992）引用的数据，肉豆蔻科已记录 16 个属（表 1-1）；de Wilde（1984a）以风吹楠属中的 Horsfieldia macrocoma 为模式种建立了 Endocomia 属（亚洲 – 澳洲）；de Wilde（1994b）以 Myristica sepicana 为模式种建立了 Paramyristica 属（亚洲 – 澳洲）；Sauquet（2003a）发表了新种 Doyleanthus arillata，实际是建了 1 个属（非洲）。综合已查到的文献，整理肉豆蔻科的分类框架于表 2-1 和附录 1，包括 21 个属 500 多个种，但是地理分布现状与亲缘关系的一致性不强（Sauquet，2003a，2003b；Doyle & Sauquet，2004；Wu，2008）。

表 2-1　肉豆蔻科的分类框架（2003）*

分布区	非洲	美洲	亚洲 – 澳洲
分布属	1. Mauloutchia（6~10 种） 2. Staudtia（1 种） 3. Scyphocephalium（2 种） 4. Brochneura（3 种） 5. Cephalosphaera（1 种） 6. Pycnanthus（3 种） 7. Coelcaryon（4 种） 8. Doyleanthus（1 种） 9. Haematodendron（1 种）	1. Virola（54 种） 2. Iryanthera（25 种） 3. Osteophloeum（2 种） 4. Compsoneura（12 种） 5. Bicuiba（1 种） 6. Otoba（7 种）**	1. Myristica（144~150 种） 2. Horsfieldia（100~104 种） 3. Knema（85~95 种） 4. Gymnacranthera（7 种） 5. Endocomia（4 种） 6. Paramyristica（1 种）

　　* 依据文献（Sauquet，2003a）整理而成；** 表 1-1 中的美洲属 "5. Dialyanthera" 已作为 "6. Otoba" 的异名处理。

2.3 肉豆蔻科亚洲属的分类研究简述

"亚洲 – 澳洲"分布区生长着肉豆蔻科绝大多数种类，约 350 种（de Wilde，2002），其中又以印度半岛和中南半岛及其以南的亚洲国家分布面积最大，种类最多，只有极少数种的分布区到达澳洲北部，故常称为"亚洲分布区"。

自 20 世纪 70 年代以来，对本区肉豆蔻科分类研究最系统的应该首推荷兰学者 W. J. J. O. de Wilde。进入 21 世纪初，法国学者 H. Sauquet 的研究较多。下面对"亚洲 – 澳洲"分布区的 6 个属作简单介绍。

（1）肉豆蔻属（*Myristica*） 肉豆蔻属是建立肉豆蔻科的模式属（以肉豆蔻 *M. fragrans* 为模式种），分成 2 个组（sectio），即 *Myristica* 组和 *Fatua* 组。de Wilde（1994b）在前人研究资料的基础上，对太平洋岛屿的分布种进行了整理，记录 16 个种；de Wilde（1995）主要依据过去几十年从新几内亚采集的标本进行系统鉴定，对部分记录种进行了合并，最后发表了 96 个种的记录（原文总结是 95 个种），新几内亚是肉豆蔻属种类最丰富的地区；de Wilde（1997）整理了东南亚、澳大利亚等地的材料，记录发表了 68 个种（附录 4，共 168 个种）。肉豆蔻属是肉豆蔻科中最大的属，约 150 种（de Wilde，1994a；Sauquet，2003a；Wu，2008）。肉豆蔻属的假种皮撕裂至种子基部或呈条裂状，花丝合生成雄蕊柱，这两个特征在我国的诸多"植物志"类书籍中作为分属的重要检索依据。

（2）风吹楠属（*Horsfieldia*） 根据 de Wilde（1984b）的文献引用记录，Warburg（1897）将风吹楠属分成 3 个组（sectio）5 个亚组（subsectio）和 2 个系（series），另有 11 个种没有归入任何一组，原因是雄花未知。de Wilde（1984b）把 *H. macrocoma* 类群分出去建立内毛楠属（*Endocomia*），再把剩下的 100 个种分为 3 个组（sectio），其中，*Horsfieldia* 组只包括 1 个种（*H. iryahgedhi*），主要区别点是叶下表皮具乳突（肺泡组织），花被具棱，柱头多裂（非 2 裂）；*Irya* 组包括 40 个种，大多数种花被2 裂，进一步分成 8 个群（group）；*Pyrrhosa* 组包括 59 个种，大多数种花被 3~4 裂（只有 *H. longiflora*、*H. crassifolia* 和 *H. sterilis* 花被 2 裂），再进一步分成 18 个群（附录 5，共 107 个种）。风吹楠属雌雄异株，花序基部常具苞叶（cataphyll），花序和苞叶均被相似的绒毛，小花梗无小苞片，雄花变异较大，假种皮完全包被种子（先端齿裂），种子两端圆，种皮颜色无花色，发芽孔位于种子近中部。

（3）红光树属（*Knema*） de Wilde（1979）系统整理发表了红光树属，文中根据雄花性状，再结合其他性状将红光树属分成 12 个系（series），记录了 83 个种；紧接着 de Wilde（1981）补充了 2 个新种，分别为 *K. steenisii* 和 *K. matanensis*；de Wilde（1996）发表了 *K. emmae*，*K. krusemaniana*，*K. longepilosa* 和 *K. ridsdaleana*；de Wilde（1998）发表了 *K. minima*；自此 de Wilde 的文献总结了 90 个种。Sauquet（2003a）对雄蕊的性状进行属间比较，红光树属的花丝合生成盾状盘以区别于其他属，并指明本属有 95 个种，分布于亚洲（附录 3，共 95 个种）。"花丝合生成盾状盘"这一形态指标在我国的诸多"植物志"类书籍中作为分属的重要检索依据。

（4）**露药楠属（*Gymnacranthera*）**　由 Warburg 建立，包括 7 个种，由于中国没有该属植物的记录，"露药楠属"的来源见附录 1。主要特征为圆锥花序，小苞片缺，花被裂片直立，内侧无毛，雌花成熟柱头 2 裂，假种皮完全包被种子而深裂至种子基部或近基部，种皮颜色无花斑（de Wilde, 1984a, 1994b, 2002）。

（5）**内毛楠属（*Endocomia*）**　de Wilde（1984a）在整理风吹楠属资料时发现 *H. macrocoma* 类群与风吹楠属其他种差异太大，于是将 *H. macrocoma* 作为模式种建立 *Endocomia* 属，包括该类群的 4 个种（附录 2；*E. macrocoma*，*E. canarioides*，*E. rufirachis* 和 *E. virella*）。内毛楠属的主要特征是雌雄同株，种子顶端具突尖，种皮颜色具花斑；风吹楠属雌雄异株，种子两端圆，种皮颜色无花斑。

（6）**豆蔻楠属（*Paramyristica*）**　这是 de Wilde（1994a）建立的新属。de Wilde 在整理肉豆蔻属标本时，发现 *Myristica sepicana* 的小花梗未见小苞片，查阅 Foreman 于 1974 年发表 *Myristica sepicana* 的原始描述记为"bracteole not seen"。de Wilde 在其发表新属的论文中，以表格形式记录了 *M. sepicana* 与其他属的异同点，其中，*M. sepicana* 假种皮撕裂至种子基部的特征与肉豆蔻属的完全相同（该文没有记录假种皮颜色）；肉豆蔻属具小苞片，柱头 2 裂，而 *M. sepicana* 无小苞片，柱头未见。故 de Wilde 将 *M. sepicana* 从肉豆蔻属中分出来作为模式种建立 *Paramyristica*（豆蔻楠属，见附录 1）。未见后续报道其他新种，模式种名为 *Paramyristica sepicana*（Foreman）W. J. de Wilde。

2.4　中国野生肉豆蔻科的分类研究简述

我国学者陈嵘发表的《中国树木分类学》中记录肉豆蔻科"八属，约百种，多分布于热带"；该书中只记录了肉豆蔻（*Myristica fragrans*）"为我国输入商品之一种，今岭南亦有栽培者"，对中国的野生种没有提及（陈嵘，1953）。

实际上，海南风吹楠（*Horsfieldia hainanensis*）已于 1932 年发表，后来并入大叶风吹楠（*H. kingii*）（Wu, 2008）。我国老一辈植物分类学家自 20 世纪初就已经着手准备《中国植物志》的编研，最直接的工作就是开展野外调查和植物标本采集。例如，我国学者胡先骕先生于 1938 年发表了 *Knema yunnanensis*，后来在《中国植物志》中并入了假广子（*Knema erratica*）。虽然前辈们的努力是获得了很好的成绩，但是连续多年战乱和其他原因对该项工作造成极大阻碍。

《中国植物志》的编研工作于 1958 年正式启动。我国野生肉豆蔻科植物的分类工作也陆续开展。例如，吴征镒于 1957 年发表了滇南风吹楠（*Horsfieldia tetratepala*），后来又被合并入大叶风吹楠（Wu, 2008）；胡先骕（1963）发表了琴叶贺得木（*Horsfieldia pandurifolia*）和长序梗贺得木（*H. longipedunculat*），于 1979 年出版的《中国植物志》第 30 卷第 2 分册中将两种合并记为琴叶风吹楠（*Horsfieldia pandurifolia*）；《中国植物志》记录的肉豆蔻科由李延辉先生编写，包括 3 个属 15 个种；华南农业大学李秉滔先生的硕士研究生叶脉对中国野生肉豆蔻科资料进行了比较系统的整理，记录了 3 个属 12 个野生种（叶脉，2004）；英文版中国植物志《Flora of China》第 7 卷于 2008 年出版，其中肉豆蔻科由李秉滔先生负责编写，主要依据《中国植物志》的记录，再进行少量修改，共记录了 3 个属 10 个野生种（Wu, 2008）。《中国高等植物彩色图鉴》（王文采，2016）中肉豆蔻科部分也由李秉滔先生编写，收录 3 个属 7 个野生种。

参考文献

陈嵘，1953. 中国树木分类学一册（增补版）[M]. 南京：华东印刷厂代印 .

胡先骕，1963. 森林植物小志 [J]. 植物分类学报，8（3）：197-198.

侯学良，2003. 中国番荔枝科植物分类学研究 [D]. 广州：华南农业大学 .

王荷生，1992. 植物区系地理 [M]. 北京：科学出版社 .

王文采，刘冰，2016. 中国高等植物彩色图鉴（第 3 卷）[M]. 北京：科学出版社 .

吴征镒，汤彦承，路安民，等，1998. 试论木兰植物门的一级分类——一个被子植物八纲系统的新方案 [J]. 植物分类学报，36（5）：385-402.

吴征镒，路安民，汤彦承，2002. 被子植物的一个"多系 - 多期 - 多域"新分类系统总览 [J]. 植物分类学报，40（4）：289-322.（English）

吴征镒，路安民，汤彦承，等，2003. 中国被子植物科属综论 [M]. 北京：科学出版社 .

叶脉，2004. 中国肉豆蔻科植物分类研究 [D]. 广州：华南农业大学 .

云南省植物研究所，1977. 云南植物志（第一卷）[M]. 北京：科学出版社 .

郑万钧，1983. 中国树木志（第一卷）[M]. 北京：中国林业出版社 .

中国科学院中国植物志编辑委员会，1979. 中国植物志（第三十卷第二分册）[M]. 北京：科学出版社 .

de Wilde W J J O, 1979. New account of the genus *Knema* (Myristicaceae)[J]. Blumea, 25: 321-478.

de Wilde W J J O, 1981. Supplementary data on Malesian *Knema* (Myristicaceae) including three new taxa[J]. Blumea, 27: 223-234.

de Wilde W J J O, 1984a. *Endocomia*, a new genus of Myristicaceae[J]. Blumea, 30(1): 173-196.

de Wilde W J J O, 1984b. A new account of the genus *Horsfieldia* (Myristicaceae)[J]. Gardens' Bulletin Singapore. 37(2): 115-179.

de Wilde W J J O, 1994a. *Paramyristica*, A new genus of Myristicaceae[J]. Blumea, 39(1/2): 341-350.

de Wilde W J J O, 1994b. Taxonomic review of *Myristica* (Myristicaceae) in the Pacific[J]. Blumea, 38(2): 349-406.

de Wilde W J J O, 1995. Census of *Myristica* (Myristicaceae) in New Guinea anno 1994[J]. Blumea, 40(2): 237-344.

de Wilde W J J O, 1996. Additional notes on species of the Asian genera *Endocomia*, *Horsfieldia*, and *Knema* (Myristicaceae)[J]. Blumea, 41(2): 375-394.

de Wilde W J J O, 1997. Notes on southeast Asian and Malesian *Myristica* and description of new taxa (Myristicaceae). With keys arranged per geographical area (New Guinea excepted)[J]. Blumea, 42(1): 111-190.

de Wilde W J J O, 1998. More notes on *Knema* and *Myristica* (Myristicaceae)[J]. Blumea, 43(1): 241-254.

de Wilde W J J O, 2002. Additions to Asian Myristicaceae: *Endocomia*, *Gymnacranthera*, *Horsfieldia*, *Knema*, and *Myristica*[J]. Blumea, 47(2): 347-362.

Doyle J A, Sauquet H, Scharaschkin T, *et al*., 2004. Phylogeny, molecular and fossil dating, and biogeographic history of Annonaceae and Myristicaceae (Magnoliales)[J]. International Journal of Plant Sciences, 165 (4 Suppl.): S55-S67.

Janovec J P, Neill A K, 2002. Studies of the Myristicaceae: an overview of the *Compsoneura atopa* complex, with descriptions of new species from Colombia[J]. Brittonia, 54(4): 251-261.

Sauquet H, 2003a. Androecium diversity and evolution in Myristicaceae (Magnoliales), with a description of a new Malagasy genus, *Doyleanthus* Gen. Nov.[J]. American Journal of Botany, 90 (9): 1293-1305.

Sauquet H, Doyle J A, Scharaschkin T, *et al.*, 2003b. Phylogenetic analysis of Magnoliales and Myristicaceae based on multiple data sets: implications for character evolution [J]. Botanical Journal of the Linnean Society, 142: 125-186.

Wu Z Y, Raven P H, Hong D Y, 2008. Flora of China (Vol. 7)[M]. BeiJing: Science Press: 96-101.

第3章

中国野生肉豆蔻科的新分类系统

3.1 引言

肉豆蔻科在我国的分布区狭窄，呈片断化，属于该科分布区的北部边缘，种的形态特征可能也存在一些特化的现象。以前依据国内标本发表的诸多"新种"已经被取消，作为异名处理，到目前为止，仅保留云南肉豆蔻（*Myrisica yunnanensis* Y. H. Li）。本书以《云南植物志》《中国植物志》和《Flora of China》为基础文献，参考 de Wilde 发表的诸多文献，依据本课题组的资源调查、形态变异、油脂化学变异、全基因组和叶绿体基因组数据综合分析处理，在《中国植物志》出版前发表国内"新种"的文献一般不直接引用（也查不全）。本章只介绍分类处理的结果和一些重要记录（包括野外调查记录和馆藏标本记录），其处理依据参见本书后续章节。

3.2 肉豆蔻科的描述及分属检索

常绿乔木或灌木，树皮和髓心周围具黄褐色或肉红色浆汁。单叶互生，全缘，羽状脉，无托叶。雌雄异株（稀雌雄同株）；花序腋生，通常为圆锥花序或总状花序，稀头状花序或聚伞花序；小花成族或各式总状排列或聚合成团；苞叶早落；小苞片生于小花梗或紧贴花被（部分种无小苞片）。花小，单性，无花瓣；花被通常3裂，稀2~5裂，镊合状；雄蕊2~40枚，花丝合生成雄蕊柱，柱顶呈盘状、球状或凹陷；花药2室，外向，纵裂，常相互紧密合生在一起，背面贴生于柱或分离成星芒状；单心皮上位子房，无柄，1室，1胚珠（近基生的倒生），花柱短或缺，柱头2浅裂，或齿裂，或呈撕裂状圆盘。果皮革质状肉质，或近木质，常开裂为2果瓣；种子具假种皮，肉质，完整或多少撕裂；种皮3或4层，外层脆壳状或肉质，中层通常木质，较厚，内层膜质，通常延伸至胚乳内，使得胚乳呈嚼烂状或皱褶状；胚通常近基生（有些偏离至种子中部）。

模式属为：肉豆蔻属 *Myristica* Gronov.

现已记录 21 属（表 2-1；附录 1），约 500 种，热带分布，形成三大分布区（非洲、亚洲 – 澳洲、美洲）。其中"亚洲 – 澳洲"分布区有 6 属 300 多种。我国产 4 属 8 种，分布于云南德宏、临沧、西双版纳、普洱、红河，广西南部，海南岛部分地区。文献记录西藏墨脱有分布，本课题组未前往调查。

3.2.1 依据花器官（成熟时）特征的分属检索

1. 小花梗具小苞片；子房被毛；雄蕊合生成盘状或柱状

    2. 雄蕊花丝合生成盘状 ·························· 红光树属（*Knema* Lour.）

    2. 雄蕊花丝合生成柱状 ·························· 肉豆蔻属（*Myristica* Gronov.）

1. 小花梗无小苞片；子房被毛或否；雄蕊合生成球形体

    3. 雌雄异株；花梗绿色 ·························· 风吹楠属（*Horsfieldia* Willd.）

    3. 雌雄同株异花；花梗红褐至暗褐色·········· 内毛楠属（*Endocomia* W. J. de Wilde）

3.2.2 依据果实和种子（成熟时）及幼苗特征的分属检索

1. 成熟果实被毛；发芽孔在种子基部

    2. 红色假种皮撕裂至种子基部，或条裂，或网状分裂；种皮条状凸凹；幼苗具鳞叶
    ·························· 肉豆蔻属（*Myristica* Gronov.）

    2. 红色假种皮包裹种子，仅在顶端撕裂或否；种皮光滑；幼苗无鳞叶
    ·························· 红光树属（*Knema* Lour.）

1. 成熟果实光滑无毛；发芽孔在种子基部或近中部

    3. 新鲜假种皮鲜红色；种子先端具突尖；种皮灰白色具褐斑；发芽孔在种子基部；幼苗无鳞叶 ·························· 内毛楠属（*Endocomia* W. J. de Wilde）

    3. 新鲜假种皮橙褐色；种子两端圆；种皮褐色（无斑）；发芽孔在种子近中部；幼苗具鳞叶 ·························· 风吹楠属（*Horsfieldia* Willd.）

3.3 内毛楠属（*Endocomia*）的描述及分种检索

内毛楠属（*Endocomia*）由 de Wilde（1984a）建立。de Wilde 在整理亚洲风吹

楠属资料时发现有几个种是雌雄同株，而且种子形态明显不同于风吹楠属的其他种，于是将这几个种分出来建立一个新属 *Endocomia*。但是我国学者们不承认，并在《Flora of China》中直接取消，作为风吹楠属的异名处理。本课题组通过形态学、油脂化学和分子遗传学研究，结果支持 de Wilde 的处理。

高大乔木，高达 50 m，雌雄同株异花。小枝无皮孔，无毛或近无毛，圆柱形或稍扁，但不具棱或脊；树皮光滑，老时纵向开裂，有时剥落；单叶互生，具柄，叶片长达 40 cm，无毛；叶脉正面凸起；叶背面无白粉，无肺泡组织，无疣点。圆锥花序生于叶腋或落叶的叶腋，常多次分枝；花序长达 30 cm，具毛、无毛或早期有毛，花序梗基部有早落的苞叶或无苞叶；雌雄异序，或者少数雄花混入雌花序内，或者少数雌花混入雄花序内。小花具梗，无小苞片，有细毛或无毛，常常伞形集生或成束状集生。花被近肉质至薄革质；3~5 裂到花被管中部至基部，绿色或黄色，内侧黄色或浅红色；花被裂片平展或多少反卷。雄花蕾与雌花蕾大小相近，宽椭圆形，卵圆形，近球形，有时稍具棱。雄蕊花丝联合，呈扁球形，球形，短椭球形，横截面圆形，中柱较细（不宽于雄蕊柄），顶端无凹陷，稀稍微凸出；雄蕊柄或长或短，呈圆柱形；花药无柄，成熟时联合或背着贴生。雌花被裂片内侧具乳头状毛，子房宽卵圆形至窄卵圆形，无毛，花柱几无，柱头 2 裂。果实或多或少组成或长或短的果序，长达 30 cm；果实卵形，椭圆形至窄椭圆形，稀倒卵形，无毛，花被不宿存；假种皮完全包被种子，或短于种子，常明显撕裂状，或深或浅，有些深裂至假种皮的中部或近中部；种子椭圆形，先端常具突尖，种皮常具花斑；胚乳呈嚼烂状。

本属模式种为 *Endocomia macrocoma* (Miq.) de Wilde（1984）。Warb. 于 1897 年将 *Myristica macrocoma* Miq. 移入风吹楠属，更名为 *Horsfieldia macrocoma* (Miq.) Warb.；我国学者胡先骕于 1963 年发表"提琴叶贺得木 *Horsfieldia pandurifolia*"和"长序梗贺得木 *H. longipedunculata*"；1975 年，J. Sincl. 将这两个种并入 *Horsfieldia macrocoma*，发表于 Gardens' Bulletin Singapore；1984 年，de Wilde 将 *H. macrocoma* 分出来作为模式种建立 *Endocomia*。记为："Type species: *Endocomia macrocoma* (Miq.) de Wilde, based on *Myristica macrocoma* Miq."。

本属已记录 4 种（参见本书附录 2），分布于印度、中国南部、东南亚、马来西亚到新几内亚一带，分布范围小于风吹楠属。我国野生分布 1 个亚种，产于云南西双版纳州、临沧市的澜沧江流域和临沧市沧源县的南滚河流域热带雨林。

3.3.1 云南内毛楠 *Endocomia macrocoma* (Miq.) de Wilde ssp. *prainii* (King) de Wilde（1984）

文献追溯： *Endocomia macrocoma* (Miq.) de Wilde ssp. *prainii* (King) de Wilde, Blumea 30：173. 1984. ——*Horsfieldia prainii* (King) Warb. Flora of China 7：96. 2008. ——*Horsfieldia pandurifolia* H. H. Hu. 中国植物志 30（2）：196，图版 89. 1979；云南植物志 1：10，图版 3（1—4）. 1977.

文献说明： 我国学者胡先骕先生（1963）同时发表了 *Horsfieldia pandurifolia* 和 *H. longipedunculat*；J. Sincl. 于 1975 年将这两个种合并入 *H. macrocoma*；《云南植物志》（1977）和《中国植物志》（1979）则将此两个种合并为 *H. pandurifolia*，与 *H. macrocoma* 分开处理；de Wilde（1984a）将 *H. macrocoma*（含 *H. pandurifolia* 和 *H. longipedunculat*）分出来建立 *Endocomia*；《中国被子植物科属综论》直接引用（吴征镒，2003），未予评述；《Flora of China》和《中国高等植物彩色图鉴》（王文采，2016）记为"云南风吹楠 *Horsfieldia prainii* (King) Warburg"，恢复 *H. prainii* 的种级地位，仍置于风吹楠属，包含了 *H. pandurifolia* 和 *H. longipedunculata*，同时取消了 *Endocomia*；文中记录假种皮为橙黄色（aril orange），可能是干标本颜色。本课题组研究结果支持 de Wilde 的处理（吴裕，2015，2019）。

形态描述： 高大乔木，高 5~50 m，分枝常集生于树干顶端，平展或稍下垂，呈层性分布。小枝圆柱状，无脊，皮灰褐色至红褐色，具灰褐色至锈色浅绒毛；皮孔无，或极不明显；树皮先光滑，后具粗细不等的条纹，树皮纵裂或剥落。单叶互生呈二列排列（subsp. *prainii*）；叶柄长 1~4 cm；叶片纸质至坚纸质，长达 40 cm，宽达 15 cm，椭圆形、倒卵形至长倒卵形，最宽处在中部至中上部，两侧或多或少平行，或者中下部略收缩而呈提琴形；先端渐尖至锐尖，稀圆钝；基部窄圆至宽楔形；羽状脉 11~24 对，上面隆起；叶芽密被灰褐色至锈色绒毛。雌雄异序（稀少数雄花混入雌花序内，或少数雌花混入雄花序内）。雄花序着生叶腋或落叶的叶腋，多次分枝，花序轴细长达 30 cm，紫褐色至灰褐色，疏被灰褐色至锈色短毛；花序梗分枝处具早落的苞叶（见苞叶痕，稀发育成营养叶；de Wilde 于 1984 年在发表 *Endocomia* 的文献中，图片的苞叶用虚线表示，描述为 caducous bracts）；小花梗长 0.1~0.7 cm，无小苞片；小花或多或少聚生，但同一分枝的小花也不同时成熟；雄花蕾期宽椭圆形至宽卵形，径 0.1~0.3 cm，花被 3~4（稀 5）裂，外面无毛或近无毛或早期具疏毛，内面偏顶端或多或少具灰色至褐色毛；雄蕊花丝联合体呈扁球形、球形或椭圆球形；花药 3~12（国产亚种通常 10）枚；雌花序常着生于落叶的叶腋，少数着生于嫩枝叶腋；花序梗较短而粗壮（具苞叶），多次分枝，长7~12 cm，总梗粗约 0.5 cm，黑褐色（比雄花序深而偏黑）；小花梗长 0.2~0.6 cm，无小苞片；雌花蕾期卵形至椭圆形，径约 0.2 cm，比雄花蕾更绿，光滑无毛或极少毛；花被 3~4（稀 5）裂，内面具灰白色至红褐色毛；上位子房卵形至窄卵形，无柄，1 心皮 1 室 1 近基生胚珠，子房明显具腹缝线和背缝线；花柱几无，柱头 2裂；子房墨绿色，无毛。多个果实（1~12 或更多）组成稀疏果序，长达 30 cm；果实形态变异大，卵形，窄椭圆形，倒卵形，长达 5cm（稀 7cm），宽达 3 cm；果具明显腹缝线，先端圆钝至锐尖，基部或多或少偏斜，果皮下延成短柄；果皮嫩时绿色带紫红，成熟时黄色带紫红；花被片不宿存；果实成熟，顶端自然开裂，假种皮连同种子自然脱落；假种皮包被种子，先端或多或少锯齿状撕裂；新鲜假种皮未成熟时白色，成熟时鲜红色，肉质；种子椭圆形至卵圆形，稀近锥形，顶端具突尖，基部圆钝，偏生卵形疤痕；种皮硬而脆，新鲜时浅褐色至黄褐色（干时灰褐色），具脉纹和褐色斑块；发芽孔位于种子基部；胚乳白色，因内种皮延生入内而呈嚼烂状；种仁油常温下为白色膏状体；幼苗无鳞叶，幼茎幼叶具黑褐色至灰白色毛。花期 4—5 月，果实次年 3—6 月成熟。

地理分布：分布于印度、中国西南部、东南亚、巴布亚新几内亚、菲律宾一带。据《云南植物志》记录，云南盈江、双江、西双版纳有分布。本课题组2009—2023 年间调查，从云南沧源县南滚河流域，澜沧江流域的双江、澜沧、勐海、景洪、勐腊境内采到样品，主要分布于海拔 1 000 m 以下洼地或沟谷雨林中，常沿溪流两侧呈单株或小居群分布；勐海西定海拔 1 600 m 湿润沟谷为本课题组已知最高分布点；南滚河保护区海拔 1 300 m 处，有一个云南内毛楠、假广子、红光树群落。原始林中较多，次生林中很稀少。曾见几株从伐桩上萌发长成的大树；曾见 1 株 130 年老树生长尚可，到 150 年枯梢严重，一级侧枝大量脱落。

种子含油：《中国植物志》记录种子含固体油 57.39%；《中国油脂植物》记录琴叶风吹楠种仁含油 56.2%，其中脂肪酸的相对含量分别为：辛酸 0.4%，癸酸 2.8%，月桂酸 39.6%，肉豆蔻酸 52.2%，棕榈酸 3.2%，油酸 1.3%，亚油酸 0.5%（中国油脂植物编写委员会，1987）。《燃料油植物选择与应用》记录琴叶风吹楠种仁油含辛酸0.4%，癸酸 2.8%，月桂酸 39.6%，肉豆蔻酸 52.2%，硬脂酸 3.2%（程树棋，2005）。本课题组 2009—2017 年间采样分析，共 39 株树的种子出仁率为 74.30%~86.78%，平均 84.11%；种仁含油率 52.48%~71.09%，平均 62.58%；折合种子含油率约为50%~60%；油中检测到 19 种脂肪酸，相对含量分别为：癸酸 0.01%~0.03%，十二碳烯酸 0.01%~0.07%，十二烷酸（月桂酸）0.44%~0.93%，十三碳烯酸 0.04%~0.09%，十三烷酸 0.04%~0.11%，十四碳烯酸 15.60%~27.21%，十四烷酸（肉豆蔻酸）60.93%~76.58%，十五烷酸 0.02%~0.04%，十六碳烯酸 0.18%~0.31%，十六烷酸（棕榈酸）1.95%~2.83%，十八碳二烯酸（亚油酸）0.83%~1.78%，十八碳烯酸（油酸）2.51%~5.55%，十八烷酸（硬脂酸）0.10%~0.50%，二十碳烯酸 0.15%~0.81%，二十烷酸 0.01%~0.14%，二十二烷酸 0.01%~0.06%，二十四烷酸 0.01%~0.06%，9-环丙壬酸和9-苯基壬酸含量极低；需要说明的是，本课题组研究，月桂酸含量仅为0.44%~0.93%，十四碳烯酸为 15.60%~27.21%，《中国油脂植物》和《燃料油植物选择与应用》中没记录到十四碳烯酸。

其他说明：de Wilde 将本种分为 3 个亚种，即 subsp. *macrocoma*，subsp. *longipes* W. J. de Wilde，subsp. *prainii* (King) de Wilde。其中，subsp. *prainii* 包含 *H. pandurifolia* 和 *H. longipedunculata*。在文中 3 个亚种的区别是雄蕊数、花丝联合体长度、柱头裂片宽与窄、果实长度等，从区别数值看都是连续的变异，而且本课题组所采标本的果长远远超过这些数值，种下再分亚种可能实际意义不大。为了文献追溯的方便，本书依然采用学名 *E. macrocoma* ssp. *prainii*。

样品采集区域见图 3-1，形态特征见图 3-2 至图 3-23。

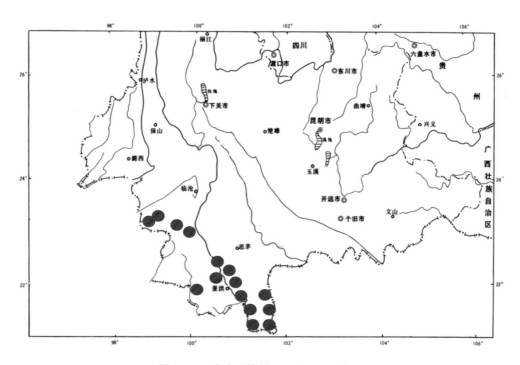

图 3-1 云南内毛楠样品采集区域示意图

图 3-2　云南内毛楠大树（沧源）　　图 3-3　云南内毛楠老树（景洪，约 **150** 年）

图 3-4　提琴形叶　　　　　　图 3-5　倒卵形叶　　　　　　图 3-6　椭圆形叶

图 3-7　雄花序　　　　　　图 3-8　雌花序　　　　　　图 3-9　对比（左雄右雌）

图 3-10　雌雄花开放（上雄下雌）

图 3-11　幼果时期

图 3-12　果实即将成熟

图 3-13　成熟开裂（花期）

图 3-14　果实成熟开裂动态

图 3-15　长果形变异

图 3-16　圆果形变异

图 3-17　种子变异（勐腊）　　图 3-18　种子变异（勐腊）　　图 3-19　种子变异（景洪）

图 3-20　云南内毛楠种子萌发　　　　　图 3-21　云南内毛楠实生幼苗

图 3-22　云南内毛楠繁殖苗圃　　　　　图 3-23　云南内毛楠幼树时期

3.4 红光树属（*Knema*）的描述及分种检索

常绿乔木。单叶，互生，全缘，坚纸质至革质，叶背面通常带白粉，或被锈色绒毛，侧脉近平行。花单性异株，呈总状或假伞形花序，腋生或从落叶的叶腋生出。总花梗粗壮，由多数疤痕集结而成瘤状体，苞叶早落；小花梗具小苞片（脱落后留痕）；花通常较大，近球形、椭圆形、碟形、壶形或葫芦形；花丝合生成盾状盘，花药 8~20 枚，分离，基部贴于花盘的边缘；子房被毛，花柱短而肥厚，柱头 2 浅裂，边缘齿状或撕裂。果实近球形或椭圆形，被绒毛；假种皮先端撕裂，稀完整；种皮黄褐色至黑褐色，无花斑。

模式种为：小叶红光树 *Knema globularia* (Lam.) Warb. (*K. corticosa* Lour.)。

约有 95 种，分布于印度至中南半岛，菲律宾至巴布亚新几内亚一带（参见附录 3）。我国有 4 种，野生分布于云南西南部和广西西南部。广西拟肉豆蔻（*Knema guangxiensis* S. L. Mo et X. W. Wei）记录于《海南植物名录》（杨小波，2013），未查到其他资料。

1. 花序密被锈色毛，整体呈锈褐色。

  2. 叶较小，通常叶片长 30 cm 以下；雄花小花梗纤细。

   3. 成熟叶片灰绿色，光泽度弱；成熟果实表面绿色至暗红色，几乎无毛或被疏毛 ·· 小叶红光树（*K. globularia*）

   3. 成熟叶片亮绿色至深绿色，光泽度强；成熟果实表面明显呈褐色，密被褐色毛 ·· 假广子（*K. erratica*）

  2. 叶较大，通常叶片长 30~50 cm，或更长；雄花小花梗粗壮 ··· 红光树（*K. tenuinervia*）

1. 花序疏被褐色毛，整体呈绿色 ························· 密花红光树（*K. tonkinensis*）

3.4.1 红光树 *Knema tenuinervia* W. J. de Wilde.（1979）

文献追溯：*Knema tenuinervia* W. J. de Wilde. Blumea 25：405. 1979；Flora of China 7：97. 2008. ——*Knema furfuracea* (Hook f. et Thoms.) Warb. 中国植物志 30（2）：178，图版 81. 1979；云南植物志 1：3，图版 1（8—13）. 1977. ——*Knema linifolia* (Roxb.)Warb. 中国植物志 30（2）：179，图版 84（5—6），1979；云南植物

志 1：3. 1977.

文献说明：据《中国植物志》和《云南植物志》记录，"红光树 *K. furfuracea* (Hook f. et Thoms.) Warb." 分布于澜沧江流域、大盈江流域和红河流域；"大叶红光树 *K. linifolia* (Roxb.)Warb." 分布于南滚河流域；两个种的区别点为前者叶更大，幼枝具纵条纹，易开裂，叶基有时心形，柱头分裂为多数的浅裂或浅齿；后者叶较小，叶基圆形，柱头 2 裂，每裂片再 2 浅裂；同时还补充记录了后者的"花材料尚不够完全，暂置于本种，待今后补充订正"。据《Flora of China》，"大叶红光树 *K. linifolia* (Roxb.)Warb." 保持不变；认为以前将红光树置于 *K. furfuracea* (Hook f. et Thoms.) Warb. 是错误的，应该置于 *K. tenuinervia* W. J. de Wilde。据 de Wilde（1979）的文献，*K. tenuinervia* W. J. de Wilde 作为新种发表，分布于印度、尼泊尔至泰国、老挝一带；且补充记录"Resembling species are *K. linifolia* and *K. furfuracea*"；区别点在于小枝粗壮程度、侧脉在正面突起与否、小枝皮是否片状脱落；*K. tenuinervia* 是个多型种（polymorphic species），很容易地分成 3 个亚种。据本课题组的研究，"中国澜沧江流域的红光树和南滚河流域的大叶红光树"应合并为一个种，且应该归并入 "*Knema tenuinervia* W. J. de Wilde"。

形态描述：常绿乔木，高 6~30 m，主干通直，侧枝平展稍下垂。小枝粗壮，顶端部分粗 3~10 mm，圆柱形至扁棱形，有时因叶柄下方着生棱脊而显得扁平，无条纹，灰褐色；暗褐色至锈褐色绵毛长 0.2~1 mm，极早脱落；往下皮部具明显条纹，不呈片状脱落。叶纸质至革质，表面浅绿色，背面灰绿色，两面被柔毛，早落；叶芽被粗毛长 0.2~2 mm；叶椭圆形至披针形，最宽处位于中部或稍偏上，有时向叶基部收窄，叶长 20~50 cm，宽 4~18 cm；基部楔形至圆钝，甚至心形；先端渐尖至锐尖；中脉粗壮，上面平或稍隆起；侧脉 25~50 对，纤细，上面不隆起；网脉明显形成网状；叶柄粗壮，长 1~2.5 cm。花序腋生或从落叶的叶腋生出，总梗短而粗壮，单一或 2~3 分歧，长 1~2 cm，被锈褐色毛；苞叶早晚脱落。雄花小花梗长 1~6 mm；小苞片较大，着生于小花梗上部或中上部，长 2~5 mm，早晚脱落；雄花蕾扁球形、宽椭圆形至宽卵圆形，被锈毛，长约 5 mm；花被常 3 裂，内面淡红色至粉红色，缝线处厚 0.7~1.5 mm；雄蕊盘呈三角状圆形，顶端平或微凹，径 2~3 mm；花药 7~18 枚，彼此分裂；雄蕊柱粗壮，长 1~3 mm，具纵向条纹。雌花小花梗长 0.5~2 mm，小苞片脱落；花蕾宽卵圆形至椭圆形（或其他形状），被锈毛，长约 6 mm，花被 3~4 裂，缝线处厚 0.7~1 mm；子房球形或扁球形，被褐色毛，长 3~4 mm，花柱极短，柱头 2 裂，每裂片再数齿裂。每果序有果 1~3 个，果柄极短，果实卵圆形至椭圆形，长 2~4 cm，宽 2~3 cm，密被锈毛；果皮缝线处厚

2~3 mm；假种皮红色，顶端撕裂；种子椭圆形至卵圆形，两端圆；种皮褐色，具脉纹；发芽孔位于种子基部。胚乳因内种皮延生入内而呈嚼烂状；种仁油常温下为褐色至黑褐色膏状体；幼苗无鳞叶，幼茎幼叶具锈褐色毛。花期通常 9 月至次年 3 月，果期 4—7 月。

地理分布： 据 de Wilde（1979）的文献，*K. tenuinervia* 分布于从尼泊尔、印度直到泰国、老挝一带；*K. furfuracea* 分布于泰国、马来西亚、新加坡；*K. linifolia* 分布于印度、孟加拉国、缅甸。据国内文献，大盈江流域和红河流域有分布，本课题组未采到样品；本课题组从澜沧江流域和沧源县的南滚河流域，以及江城县的李仙江流域采到样品；从沟谷到山脊都有分布，表现出良好的环境适应性。

种子含油： 据《燃料油植物选择与应用》记录，种仁油含月桂酸 0.4%、肉豆蔻酸 56.8%、硬脂酸 8.3%、棕榈酸 0.9%（其他脂肪酸未记录）。本课题组从澜沧江流域采集 4 株树的种子测定，油脂常温下为褐色至黑褐色膏状体，检测到 15 种脂肪酸，其相对含量分别为，十二烷酸 0.25%~0.40%、十三烷酸 0.01%~0.03%、十四碳烯酸 0.05%~0.09%、十四烷酸 49.46%~58.64%、十五烷酸 0.04%~0.05%、十六碳烯酸 0.13%~0.22%、十六烷酸 5.42%~7.41%、十八碳二烯酸 0.66%~1.25%、十八碳烯酸 30.05%~36.95%、十八烷酸 0.99%~1.21%、二十碳烯酸 1.77%~2.43%、二十烷酸 0.14%~0.24%、二十二烷酸 0.07%~0.09%、二十四烷酸 0.10%~0.12%、2- 辛基环丙基辛酸 0.06%~0.08%。

其他说明： 在 de Wilde（1979）的文献中，*K. tenuinervia* 很容易分成 3 个亚种，但亚种间的区别又不明显；细枝稍下部明显条纹，但不开裂或呈片状（lower down the bark finely striate, not tending to crack or flake）。据此，南滚河居群更符合这个特征，澜沧江居群更不符合，可是《Flora of China》记录 *K. linifolia* 分布于"SW Yunnan"，*K. tenuinervia* 分布于金平县、西双版纳州、盈江县，其他几个种也分别记清楚分布的每一个县。据本课题组观察，在雄花成熟过程中，雄蕊花丝联合体从内陷较深的球形体逐渐向外平展而形成盾状盘，这是一个动态的过程；据2014—2023 年观察，南滚河居群花期常 9—12 月；发现 1 株于 2020—2023 年连续4 年在 4 月开雄花，花序形态似假广子，而且有部分叶片也极似假广子，花被内侧淡红色、叶基楔形、圆形、浅心形，存在株内变异；澜沧江居群花期常 11 月至次年 3 月，花被内侧粉红色，叶基从楔形至心形的变异，存在株内变异。由此认为，根据叶片基部是否为心形作为分种的指标之一，这是不可靠的，因为该性状在居群内和单株内都表现为连续的变异。文献中记录的红光树叶片最大，大叶红光树次之，小叶红光树最小，容易误导，故将"大叶红光树"的名称取消。

样品采集区域地理示意图为图 3-24；南滚河居群形态特征见图 3-25 至图 3-37；澜沧江居群的形态特征见图 3-38 至图 3-48。

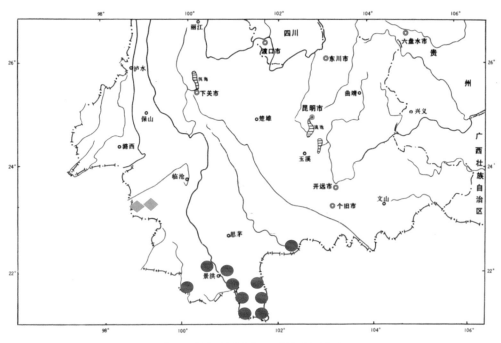

注：◆指南滚河居群；●指澜沧江居群

图 3-24 红光树样品采集区域示意图

图 3-25 南滚河居群叶形 1

图 3-26 南滚河居群叶形 2

图 3-27　南滚河居群叶形 3

图 3-28　南滚河居群叶形 4

图 3-29　南滚河居群叶形 5

图 3-30　南滚河居群叶形（背面）

图 3-31　南滚河居群雌花枝

图 3-32　南滚河居群雄花枝

图 3-33　南滚河居群雌花蕾和子房

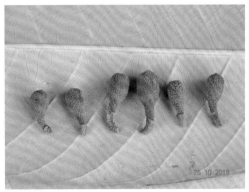

图 3-34　南滚河居群雄花蕾

图 3-35　雄花蕾解剖后

图 3-36　雄花成熟

图 3-37　雄蕊盘发育动态

图 3-38　澜沧江居群叶形 1

图 3-39　澜沧江居群叶形 2

图 3-40　幼苗（播种 3 个月）

图 3-41　雄花枝（老枝）

图 3-42　雄花枝（嫩枝）

图 3-43　雌花开放

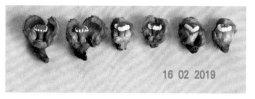

图 3-44　雄花开放

图 3-45　成熟果实开裂后

图 3-46　成熟种子烘干后

图 3-47　果实被锈毛（景洪基诺）

图 3-48　雌雄同株（勐腊象明）

3.4.2　小叶红光树 *Knema globularia* (Lam.) Warb. (1897)

文献追溯： *Knema globularia* (Lam.) Warb. Monogr. Myristic. 601. 1897；Flora of China 7：97. 2008；中国植物志 30（2）：181，图版 82. 1979；云南植物志 1：4，图版 1（14—17）和图版 2（13—15，18—20）. 1977.

文献说明： 本种由 Lamarck（1788）最先命名发表为 *Myristica globularia*，后来 Warburg（1879）更名为 *Knema globularia*，应用至今。《云南植物志》《中国植物志》和《Flora of China》均沿用此名。

形态描述： 小乔木，高达 15m，茎粗 10~25cm；树皮灰褐色，鳞片状开裂，脱落；侧枝平展而稍微下垂；幼枝被短的锈色绒毛（渐脱落）；老枝无毛，具纵纹。叶膜质至坚纸质，长圆形、披针形、倒披针形至线状披针形，有时蜂腰形，长 10~28 cm，宽 2~7 cm，先端锐尖至渐尖，基部宽楔形至近圆形；幼叶密被锈毛，成熟叶无毛或沿主脉和侧脉具稀疏微柔毛，表面灰绿色，背面苍白色；侧脉 10~25 对。假伞形花序，着生于叶腋，整体被锈毛，瘤状总梗长不足 1 cm，苞叶早落留痕；小花梗长约 1 cm，具小苞片，花蕾常三角状扁球形。雄花蕾长 3~5 mm，花被常 3 裂，内面淡黄色至乳白色；雄蕊 10~16 枚，合生成三角状圆形盾状盘。雌花蕾长约 5 mm，花被常 3 裂，内面淡黄色至乳白色；子房被锈毛，花柱极短，柱头 2 裂。果序短，每果序着果常 1~2 个；果近圆球形至椭球形，长 1~4 cm，两端圆，被疏毛，缝线处常增厚如翅状，成熟时黄色；果皮自然开裂，果皮厚 1~2 mm；假种皮红色，完全包被种子，仅顶端撕裂。种子近球形至椭球形，长 1~3 cm，两端圆；种皮灰褐色，干时黄褐色，具脉纹；花被管基宿存；种仁油常温下为褐色膏状体；发芽孔位于种子基部；幼苗无鳞叶，被糠秕状毛。主要花期 9—12 月；果实次年 5—7 月成熟。

地理分布： 从印度至中南半岛，到新加坡一带均有分布；国内分布，按文献记录大盈江流域、南滚河流域、澜沧江流域、红河流域有分布。本课题组仅在澜沧江流域采集到样品（图 3-49）。

种子含油： 文献记录种子含固体油约 27%；据本课题组测定，种仁含油率约为 19%。共检测到 12 种脂肪酸，其相对含量分别为十四碳烯酸 0.68%，十四烷酸 24.09%，十五烷酸 0.01%，十六碳烯酸 0.57%，十六烷酸 11.71%，十八碳二烯酸 2.53%，十八碳烯酸 55.37%，十八烷酸 0.74%，二十碳烯酸 1.00%，二十烷酸 0.06%，二十二烷酸 0.02，二十四烷酸 0.19%。因为没有采集到更多的种子样品，群体变异情况不清楚。

其他说明：国产的小叶红光树形态变异大（果实大小的变异尤大），树体小，属于热带雨林的中下层树种，结果量小。上述种子含油测定数据为本课题组 2009 年从勐腊县南沙河采集的样品，果实和种子都最大；后来调查过程中采集到的其他果实极小且量少，未测定。

样品采集区域地理示意图为图 3-49；形态特征见图 3-50 至图 3-62。

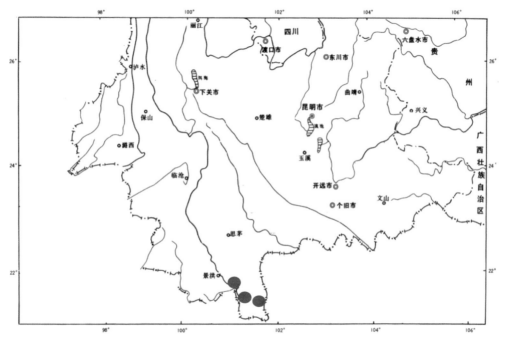

图 3-49　小叶红光树样品采集区域示意图

图 3-50　常见叶片（正面和背面）

图 3-51　变异叶片（背面，勐腊南沙河）

图 3-52　种子萌发

图 3-53　幼苗时期

图 3-54　幼树 3 龄（人工播种）

图 3-55　成年结果（勐腊勐仑）

图 3-56　雄花枝（成熟）

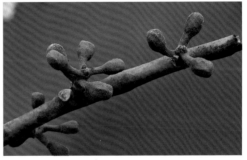

图 3-57　雌花枝（蕾期）

图 3-58　雌花开放（勐腊勐仑）

图 3-59　果实成熟（勐腊勐仑）

图 3-60　果皮开裂（勐腊南沙河）

图 3-61　种子形态（勐腊南沙河）

图 3-62　小叶红光树人工幼林（景洪，5 龄）

3.4.3 假广子 *Knema erratica* (Hook. f. et Thoms.) Sinclair (1961)

文献追溯：*Knema erratica* (Hook. f. et Th.) Sinclair, Blumea 25，（2）：444. 1979；中国植物志 30（2）：192，图版 83. 1979；云南植物志 1：4，图版 1（1—7）和图版 2（1—6, 16—17）. 1977. ——*Knema elegans* Warburg, Flora of China 7: 98. 2008. ——*Knema cinerea* (Poir.) Warb. var. *glauca* (Bl.) Y. H. Li，中国植物志 30（2）：187，图版 85. 1979. ——*Knema cinerea* (Poir.) Warb. var. *andamanica* (Warbg.) Sinclair，云南植物志 1：6，图版 2（21—22）. 1977.

文献说明：《中国植物志》和《云南植物志》记录假广子 *K. erratica*，狭叶红光树 *K. cinerea*；《Flora of China》记录假广子 *K. elegans*，狭叶红光树 *K. lenta*。查阅 de Wilde（1979）的文献，第 49 种 *K. elegans*，第 59 种 *K. erratica*，第 60 种 *K. lenta*，第 71 种 *K. cinerea* 的描述和分布区记录，进行详细的对比，再结合本课题组的野外观察和分子遗传学分析。从勐腊采集到的狭叶红光树仅是假广子的变异类型，应合并。归入"假广子 *K. erratica* (Hook. f. et Thoms.) Sinclair"。

形态描述：中等乔木，株高 5~20 m，主干通直，侧枝平展，稍微下垂；树皮灰褐色。幼枝被锈毛，老时渐无毛。叶坚纸质至近革质，长方状披针形、卵状披针形至线状披针形，稀长圆形或狭椭圆形；先端锐尖至短渐尖，基部宽楔形或近圆形，或近平截；幼叶两面被锈毛，渐脱落，老叶几无毛或背面具锈毛；正面绿色，具光泽，背面灰白色；叶长 10~35 cm，宽 3~10 cm；侧脉 15~30 对；叶柄长 0.5~2 cm，被锈毛。假伞形花序腋生或从落叶的叶腋生出，总体被锈毛，苞叶早落，总梗长约 5 mm，小花梗稍长，具小苞片。雄花蕾长约 5 mm，三角状倒卵球形或近球形；花被 3 裂，稀 4 裂；内面浅红色；雄蕊盘三角状圆形，红色，花药 8~16 枚。雌花蕾稍长，圆柱形至长卵球形，或中部收缩；花被 3 裂，内面浅红色；子房近球形，被锈毛；柱头 2 裂，每裂片再 2 至多裂。果序短，有果 1~2 个；果柄长约 1 cm；花被管基宿存；果成熟时黄色，被锈毛；果长 2~4 cm，卵球形到椭球形，两端圆或顶端略尖；果实成熟自然开裂，果皮厚约 1 mm；假种皮鲜红色至深红色，包被种子，顶端撕裂；种子卵状椭圆形，长 1~3 cm，两端圆；种子灰褐色，具脉纹，干时黄褐色至暗褐色；种仁油常温下为褐色膏状体；发芽孔位于种子基部；幼苗无鳞叶，被糠秕状锈毛。主要花期 9—12 月（3、4、5 月偶见开花）；果实次年 5—7 月成熟。

地理分布：文献记录，分布于印度至中南半岛一带，包括印度、孟加拉国、缅甸、中国、老挝、越南；国内分布为云南勐腊、景洪、瑞丽、潞西、沧源；西藏墨脱。本课题组调查，勐海西定乡海拔 1 600 m 沟谷成群落分布；双江小黑江沟谷海拔约 1 000 m 处零星分布；景洪基诺乡，勐腊县勐仑镇周边山地和勐腊镇南沙河流域及龙林村山地海拔 900 m 以下有分布；沧源县勐董镇芒回村南滚河上游河谷海拔 1 100 m 左右成群分布；翁丁村下游湿润山坡地海拔 1 300 m 零星分布。

种子含油：本课题组于 2014 年从勐海县西定乡海拔 1 600 m 处采集 3 株树的种子并进行测定，共检测到 12 种脂肪酸。各脂肪酸相对含量分别为：十二烷酸 0.44%~3.75%，十四烷酸 18.74%~30.95%，十五烷酸 0.01%~0.06%，十六碳烯酸 0.32%~0.48%，十六烷酸 10.60%~16.47%，十七烷酸 0.01%~0.04%，十八碳二烯酸 1.26%~1.58%，十八碳烯酸 47.82%~59.12%，十八烷酸 0.81%~1.26%，二十碳烯酸 0.55%~0.72%，二十烷酸 0.05%~0.07%，二十四烷酸 0.08%~0.11%。

其他说明：关于花药柄的性状问题，根据 de Wilde（1979）的文献，*K. elegans*, half-sessile to almost stiped; *K. erratica*, half-sessile, suberect; *K. lenta*, half-sessile to distinctly stiped, horizontal。根据《中国植物志》，假广子花药无柄，狭叶红光树花药有柄；根据《云南植物志》，假广子花药有柄，狭叶红光树花药有柄。根据《Flora of China》的检索表，*K. elegans*, Anthers sessile; *K. lenta*, Anthers nearly stalked。

关于柱头分裂性状的问题：根据 de Wilde（1979）的文献，*K. elegans*, 2-lobed and each lobe again shallowly 3–4 -lobulate; *K. erratica*，2 (or 3)-lobed, and each lobe again (3–) 4–5 -lobulate; *K. lenta*, 2 (or 3) -lobed an each lobe shallowly many- lobulate。根据《中国植物志》和《云南植物志》，假广子柱头 2 裂，每裂片 2 浅裂；狭叶红光树柱头 2 裂，每裂片具 3~4 齿。根据《Flora of China》，*K. elegans*, stigma bifid, each lobe again shallowly 2-lobulate; *K. lenta*, stigma deeply 2-lobed and each lobe shallowly many lobulate.

据《中国植物志》记录：狭叶红光树有 5 个变种 2 个变型，正种我国不产，本变种的外形近似假广子（*K. erratica*），但不同点是叶除中肋及侧脉被毛外，其余无毛，花药具柄，柱头 2 裂，每裂片 3~4 浅裂，果柄短，仅长 3~4 mm，外面密被锈色星状毛，老时通常不脱落。

综合文献记录，花药有无柄和柱头分裂的记录，实际上没有区别；叶形描述实际是相同的。结合本课题组分子遗传学研究结果认定"国产的狭叶红光树实际上是假广子的变异类型"。

假广子样品采集点示意图见图 3-63，狭叶红光树形态特征见图 3-64 至图 3-74；假广子形态特征见图 3-75 至图 3-85。

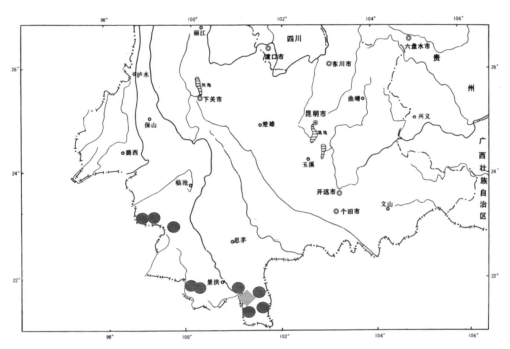

注：◆指狭叶红光树样品采集点；●指假广子样品采集点

图 3-63　假广子样品采集区域示意图

图 3-64　狭叶红光树雌花枝

图 3-65　狭叶红光树雌花开放

图 3-66 狭叶红光树果实和种子

图 3-67 狭叶红光树幼苗

图 3-68 狭叶红光树雌花蕾

图 3-69 狭叶红光树雄花蕾

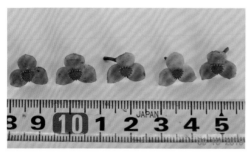

图 3-70 狭叶红光树雄花开放

图 3-71 狭叶红光树雄花枝

图 3-72 狭叶红光树枝叶正面

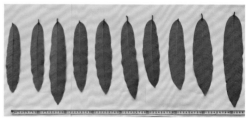

图 3-73 狭叶红光树叶形背面

图 3-74　狭叶红光树（人工播种 4 年）

图 3-75　假广子幼苗（野外萌发）

图 3-76　假广子成熟果实

图 3-77　假广子种子

图 3-78　假广子雄株开花

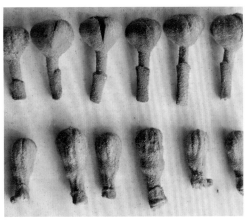

图 3-79　假广子雌雄花蕾（上雄下雌）

图 3-80　假广子雌花枝

图 3-81　假广子雄花枝

图 3-82　假广子嫩枝叶（正面和背面，勐海西定）

图 3-83　假广子老枝叶（正面和背面，勐海西定）

图 3-84　假广子小树和大树（勐海西定）

图 3-85　假广子群落（南滚河狭窄湿润沟谷）

3.4.4 密花红光树 *Knema tonkinensis* (Warb.) de Wilde (1979)

文献追溯：*Knema tonkinensis* (Warb.) de Wilde, Blumea 25: 381. 1979；Flora of China 7: 98. 2008. ——*Knema conferta* (Lam.) Warburg，中国植物志 30（2）：185，图版 84（1—4）. 1979.

文献说明：《云南植物志》没有记录本种；《中国植物志》记录为密花红光树 *K. conferta*，分布于沧源，且说明"本种除花未见外，各部特征均与原描述和马来半岛的标本基本相符，仅毛被稍有差异，由于未见到花，暂将国产的标本归入此种内，待今后进一步补充订正"。《中国南滚河国家级自然保护区》（杨宇明，2004）记录了本种及其分布区域。在《Flora of China》中将此国产种归入 *K. tonkinensis*，其中记录"female flowers not known"。根据 de Wilde（1979）的文献，*K. tonkinensis* 作为新种发表，其中记录"Female flowers not seen"。

形态描述：中小乔木，高约 12 m，侧枝平展至下垂；幼枝疏被灰褐色毛（幼枝总体呈绿色），老时渐无。叶柄长约 1 cm，被锈褐色毛；幼叶两面被锈褐色毛；叶纸质至近革质，叶长圆状披针形至狭椭圆形至倒披针形，最宽处在中上部，长 10~25 cm，宽 3~6 cm，基部楔形至近圆形，先端圆钝、渐尖至锐尖；正面灰绿色，稍具光泽，背面灰白色密被灰褐色毛；中脉两面突起，主侧脉正面平或微凹，背面突起，叶脉背面绿色；侧脉 18~25 对。花序生叶腋或落叶的叶腋，疏被浅褐色毛，花序总体为绿色，总梗粗短，小花梗纤细。雄花序有花 2~10 朵簇生于总梗，小花梗长不足 1 cm，小苞片位于小花梗下部至上部（株内变异）；雄花蕾倒卵球形，长约 0.5 cm，中部略收缩；花被 3 裂，内侧黄绿色；雄蕊柱白色，向下略收小；雄蕊盘三角状圆形，上面暗红色，宽 0.5 cm；花药 9~12，彼此分离。雌花小花梗长不足 1 cm，小苞片着生于小花梗下部至上部（株内变异）；花蕾椭球形，长约 0.5 cm，花被 3 裂，裂片先端具内向钩，内侧肥厚，淡黄色；子房被紫褐毛，花柱绿色，柱头 2 裂，稀 3 至多裂（株内变异）。果单生或 2~3 个聚生，柄长 3~6 mm，果长 2~4 cm，椭圆形，两端钝，顶具微小突尖，基部具宿存的环状花被管基，外面密被锈色毛，缝线处偶尔增厚如翅状；果实成熟自然开裂，假种皮暗红色，先端撕裂；种子长约 1cm，卵球形，两端钝，种皮灰白色，具脉纹。花期 9—12 月，果期 5—7 月。

地理分布：根据 de Wilde（1979）的文献，分布于老挝、越南。关于国内分布，据《中国植物志》，分布于沧源，海拔 1 100~1 200 m 地段。《Flora of China》

的记录，老挝、越南；沧源海拔 1 100~1 200 m 地段。据本课题组调查，在沧源县南滚河南岸芒库芒永海拔 800 m 左右山坡集群分布几十株，最大植株胸径 15 cm，已结果实，小树和幼苗多，是一个发展的居群，但未找到大树；南滚河北岸海拔 800 m 左右沟谷（南朗村）和红卫桥上游海拔 600~900 m 河谷散生分布。

种子含油：未见报道，本课题组未测定。

其他说明：依据中国南滚河国家级自然保护区科学考察报告的记录，由当年参加科学考察的赵金超高级工程师带队进行实地踏查和鉴定，叶、雄花、雌花、果实和假种皮特征根据植株形态记录。于 2017 年采到的果实尚未完全成熟，于 2023 年 7 月 1 日从地下拾取脱落的果实和种子，播种成功。于 2023 年 9 月 9 日采到雄花和雌花，发现位于芒永的一个群落被大象破坏严重。《中国植物志》记录"假种皮暗红色，先端撕裂"；检索表描述为"柱头 3 裂"以区别于狭叶红光树，但正文描述"花未见"。de Wilde（1979）的文献和《Flora of China》都未记录假种皮的特征；但记录了 *K. tonkinensis* 最初作为 *K. conferta* 的变种处理，后升为种。

密花红光树样品采集点示意图见图 3-86，形态特征见图 3-87 至图 3-100。

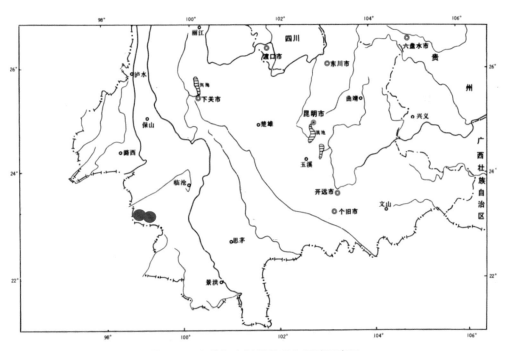

图 3-86 密花红光树样品采集区域示意图

图 3-87　密花红光树雄花枝（新鲜标本）

图 3-88　密花红光树雄花（保存褐变）

图 3-89　密花红光树雌花开放

图 3-90　密花红光树子房被毛

图 3-91　密花红光树雌花枝

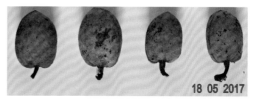

图 3-92　密花红光树果实被毛

图 3-93　密花红光树结果枝

图 3-94　密花红光树果实变异（南朗村）

图 3-95　密花红光树果实变异（芒库村）

图 3-96　密花红光树播种 2 个月

图 3-97　密花红光树林下幼树

图 3-98　密花红光树枝叶正反面

图 3-99　密花红光树叶形背面

图 3-100　密花红光树分枝状（已结实雌株，沧源）

3.5 肉豆蔻属（*Myristica*）的描述及分种检索

常绿乔木，雌雄异株。叶坚纸质，背面通常带白色或被锈色毛。花序腋生或生于落叶的叶腋；总花梗通常 2 歧或 3 歧式，具苞叶和小苞片；小花在总花梗或其分枝顶端成假伞形或总状排列，小花梗具小苞片；花壶形，或钟形，稀管状；花被常 2~3 裂；花丝合生成雄蕊柱（柱状）；花药细长，7~30 枚，分离或联合，背面紧贴生于雄蕊柱，通常长于雄蕊柱的基生柄；子房 1 室，花柱几无，柱头合生成 2 浅裂的沟槽。果皮肥厚，肉质状，通常被毛；假种皮深裂至基部或呈条裂状；种子胚乳呈嚼烂状。

据《中国植物志》和《云南植物志》记为"苞片缺，小苞片发达"；据《Flora of China》记录为"bracts caducous; bracteole at base of perianth"。

模式种为：肉豆蔻 *Myristica fragrans* Houtt.

约有 150 种，分布于南亚、中南半岛至大洋洲一带，菲律宾、新几内亚和太平洋诸岛（Wu, 2008）；根据 de Wilde 的文献整理有 168 个种（附录 4）。我国野生 1 种。《中国植物志》记录几个引入栽培种，其中肉豆蔻在热带地区广泛栽培，用作香料或药物。

3.5.1 云南肉豆蔻 *Myrisitca yunnanensis* Y. H. Li (1976)

文献追溯：*Myrisitca yunnanensis* Y. H. Li，植物分类学报 14（1）：94，图版 8. 1976；Flora of China 7: 99. 2008；中国植物志 30（2）：190，图版 87. 1979；云南植物志 1：13，图版 2（7—12）. 1977.

文献说明：云南肉豆蔻由我国学者李延辉命名并发表于《植物分类学报》1976 年 14 卷第 1 期，此名应用至今；诸多文献记为云南特有种和濒危种。根据《云南植物志》和《中国植物志》的记录，"雌花未见"；近似于 *M. guateriifolia* 和 *M. lowiana*；《Flora of China》记录"Female flowers not known"；de Wilde（1997）记录"I have not seen any material of this species from Yunnan, China. According to the description it is close to *M. guatteriifolia* A. DC."；de Wilde（2002）记录："Female flowers not known"。在 de Wilde（1997）的文献中，相似种 *Myristica guatteriifolia* A. DC. 记录于第 168 页，但没有形态描述，de Wilde 没有看到标本（I have not seen specimens myself from continental Southeast Asia），记录了 4 个异名（*M. cookii* Warb.,

M. litoralis Miq.，*M. palawanensis* Merr.，*M. riedelii* Warb.）；相似种 *Myristica lowiana* King 记录于第 174 页，没有描述形态特征，只记录了 1 个异名 *M. hackenbergii* Diels.。本课题组通过野外调查，补充描述雌花形态特征。

形态描述： 高大乔木，高达 30 m，胸径达 70 cm，树皮灰褐色；幼枝和芽密被锈色微柔毛，不久即脱落；老枝有时具暗褐色斑块或小瘤突，无毛；大树侧枝集生枝顶，平展或稍下垂。叶坚纸质，长圆状披针形至长圆状倒披针形，长达 50 cm，宽达 18 cm，先端短渐尖，基部楔形、宽楔形至圆形；表面暗绿色，具光泽，无毛；背面密被锈褐色毛粉；侧脉 20 对以上，正面下陷，背面隆起；叶柄长达 4 cm。花序生于叶腋或落叶的叶腋，较短，整体密被锈毛；总梗粗壮，2 歧或 3 歧式假伞形排列，分枝处具苞叶，早落；小花梗具小苞片，贴生于花被基部，略大于花蕾，呈半包裹姿态，在花被开裂前脱落，明显留痕。雄花小花梗长 0.5~1.5 cm，株内变异大，排列不规则；雄花被坛形，开展时长约 0.5 cm，宽约 0.4 cm，花被 3 裂，裂片三角状卵形，略返卷，内面无毛，乳白色；雄蕊 7~10 枚，合生成柱状雄蕊柱，柱顶端微突出，基部被毛；花药细长，线形外向，贴生于雄蕊柱。雌花小花梗长 0.1~0.3 cm；雌花坛形，开放时长宽均约 0.5 cm，顶端 3 裂（稀 2），略反卷，内侧乳白色；子房上位，1 室，近球形，被锈毛；花柱几无；柱头 2 裂。果实常 1~2 个着生于叶腋或已落叶的叶腋，果柄粗壮而短，果实椭圆形或卵圆形，长 4~7cm，宽 3~5 cm，果皮被锈色绵毛；基部具环状花被痕；果皮厚，成熟 2 裂，内面白色；成熟假种皮深红色，撕裂至基部或成条裂状；种子卵状椭圆形，先端圆，基部稍截平；外种皮干时暗褐色，具 1 纵向粗浅沟槽，具明显脉纹，薄脆易脱落；内种皮薄壳质，易裂；胚乳白色，因内种皮向内延伸而呈嚼烂状；种仁油常温下为浅黄色膏状体；胚位于种子基部；萌发时幼苗具 3~6 枚鳞叶，幼茎幼叶被锈毛。花期 7—12 月，果实次年 3—6 月成熟。

地理分布： 一直以来，国内的文献都记为云南特有种，分布于云南勐腊、景洪、金平，海拔 540~650 m 山坡和沟谷密林中。根据 de Wilde（2002）的记录，在泰国清迈采集到 2 份标本，可以确认本种在泰国有分布。《Flora of China》记录泰国北部也有。据本课题组调查云南勐腊、景洪、勐海，澜沧江两岸及其支流海拔 800 m 以下常见单株散生或集群分布。

种子含油：《云南植物志》和《中国植物志》记录种子含油量仅 6.33%；《Flora of China》记录 "the seeds contain only 6%-7% fat"。《燃料油植物选择与应用》记录月桂酸 2.0%，肉豆蔻酸 66.8%，硬脂酸 11.3%，棕榈酸 1.6%（程树棋，2005）。

本课题组 2017 年 6 月从景洪和勐腊采集了 20 株树的种子，测定种仁含油率为 6.37%~15.83%，折合成种子含油率为 4%~15%。油中共检测到 14 种常见脂肪酸，相对含量分别为十二烷酸 0.87%~1.39%，十三烷酸 0.07%~0.09%，十四烷酸 53.58%~62.52%，十五烷酸 0.06%~0.09%，十六碳烯酸 0.12%~0.30%，十六烷酸 10.79%~14.07%，十七烷酸 0.05%~0.07%，十八碳二烯酸 4.18%~6.36%，十八碳烯酸 15.04%~19.06%，十八烷酸 1.40%~2.26%，二十碳烯酸 0.28%~0.45%，二十烷酸 0.12%~0.20%，二十二烷酸 0.06%~0.09%，二十四烷酸 0.07%~0.13%。含有极微量的 9- 苯基壬酸。

其他说明： 据《云南植物志》《中国植物志》《Flora of China》记录 "雌花未见" 或 "Female flowers not known"，花期 9—12 月，果期 3—6 月。《云南省极小种群野生植物研究与保护》记录为 "雌花未见"（孙卫邦，2019）。查到中国科学院西双版纳热带植物园 1 份花枝的馆藏标本（标本号 001552，采集人陶国达，采集号 44987；采集时间为 1988 年 11 月 11 日；采集地点为景洪市；海拔高 700 m）。本课题组于 2020 年 7 月在勐腊县勐仑镇见到正在开花的雌株，进一步调查曾经多次结果的植株未见开花。本课题组于 2015 年、2017 年、2019 年、2020 年、2021 年、2022 年于勐腊县勐仑镇和景洪市基诺乡天然林内均在 6 月见到成熟脱落的种子，有些已发芽；2017 年 5 月于勐腊县望天树景区采到成熟果实；本课题组 2021 年 9 月 25 日于景洪市基诺乡采到 2 株雌株幼果及雌花枝（确认苞叶和小苞片的存在）；2022 年 5 月 26 日在景洪市纳板河流域调查果实未成熟，2022 年 5 月 27 日在景洪市基诺乡调查果实成熟自然开裂，种子带假种皮一同脱落；2022 年 8 月 14 日于景洪市基诺乡采到雄株花枝（确认苞叶和小苞片的存在），2023 年 8 月 5 日采到完整的雄花枝（图 3-106 至图 3-109）；2023 年 9 月 12 日采到完整的雌花枝。

云南肉豆蔻样品采集点示意图见图 3-101，形态特征见图 3-102 至图 3-117。

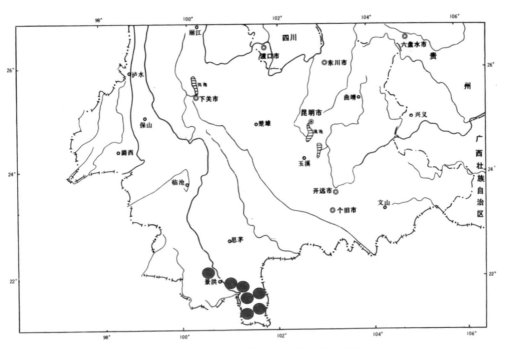

图 3-101　云南肉豆蔻样品采集区域示意图

图 3-102　云南肉豆蔻大树（景洪，基诺）

图 3-103　云南肉豆蔻 6 年生小树

图 3-104　云南肉豆蔻嫩枝形态

图 3-105　云南肉豆蔻叶片形态

图 3-106　云南肉豆蔻雄花枝

图 3-107　云南肉豆蔻雄花序（局部）

图 3-108　云南肉豆蔻雄花（示小苞片）

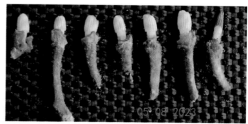

图 3-109　云南肉豆蔻雄蕊柱

图 3-110　云南肉豆蔻雌花枝

图 3-111　云南肉豆蔻幼果枝

图 3-112 云南肉豆蔻雌花形态

图 3-113 云南肉豆蔻子房被毛

图 3-114 云南肉豆蔻果熟开裂

图 3-115 云南肉豆蔻自然萌发

图 3-116 云南肉豆蔻成熟果实和种子

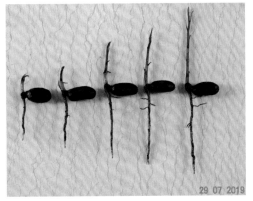

图 3-117 云南肉豆蔻幼苗具鳞叶

3.5.2 肉豆蔻 *Myrisitca fragrans* Houtt.（引种栽培）

文献追溯： *Myrisitca fragrans* Houtt.（1774）

文献说明：《云南植物志》没有记录；《中国植物志》记录我国台湾、广东、云南等地有引种栽培；雄花序长 1~3cm，无毛；雌花被外面密被微绒毛。《Flora of China》记录雄花被有微绒毛，雌花被密被锈毛（male flower perianth with minute tomentum outside; female flower perianth with dense rusty pubescence）。中国医学科学院药用植物研究所云南分所（位于景洪市区）有引种栽培，但形态特征与这些描述差异较大，记录如下。

形态特征：本课题组于 2021 年 8 月 9 日在标本馆前面见 1 株开雌花，在图书馆旁见 1 株开雄花。花序着生叶腋，整体无毛，小花梗绿色，花被绿黄色；花序长约 3 cm，有小花 2~4 朵；具苞叶脱落的痕迹（未见苞叶）；小苞片贴生于花被基部，与花被同色；花开放时呈坛状，长约 1 cm，宽约 0.7 cm，花被外面光滑无毛，顶端 3 裂，内面乳白色。雄花花丝合生成雄蕊柱（呈柱状），花药背贴生于雄蕊柱上部，线形；雄蕊柄乳白色，顶端略长出花药；雌花子房 1 室，与花被同形，子房被棕褐色毛；花柱几无，柱头 2 裂，乳白色。

其他说明：该所标本馆的馆长李海涛老师于 2021 年 12 月 7 日再次采到雄花和雌花；李海涛于 2022 年 9 月采到成熟果实，假种皮深红色，撕裂至基部或成条裂状，与云南肉豆蔻相似。另据李海涛说，他见过这几株都结果，只是果不多。

形态特征见图 3-118 至图 3-121。

图 3-118　肉豆蔻雄花枝

图 3-119　肉豆蔻雌花枝

图 3-120　肉豆蔻雄花及雄蕊柱

图 3-121　肉豆蔻子房被毛

3.6 风吹楠属（*Horsfieldia*）的描述及分种检索

风吹楠属（*Horsfieldia* Willd.）在《中国植物志》《云南植物志》和《Flora of China》的记录中包括了内毛楠属（*Endocomia*），因此对属的特征描述显得比较宽泛或不清楚。例如《云南植物志》记为"单性异株"，对"琴叶风吹楠"的性别没有说明，实际是雌雄同株；《中国植物志》没有记录雌雄同株或是异株，对种的描述也未提及性别，只对雄花序和雌花序分别描述，可以说明是"雌雄异花"；《Flora of China》描述为"plants monoecious or dioecious"。本书主要依据 de Wilde（1984b）发表于"Gardens' Bulletin Singapore"对风吹楠属的重新定义和描述整理而成。

乔木，稀灌木，雌雄异株。小枝圆柱形，有时具棱或具两根凸起的线条或具脊状，树皮常具条纹，常见皮孔（有时也不明显）。单叶互生，有时表现为 2 列排列；叶长达 45cm；叶片坚纸质或近革质，被毛或无毛，干时易碎；个别种具肺泡组织（*H. iryaghedhi*，alveolar tissue）。花序腋生（有叶的叶腋、落叶的叶腋、老枝）。圆锥花序，常常多次分枝，有毛或无毛，花序梗基部具少数小的苞叶（minute cataphylls），通常早落；小花梗无小苞片。雌花序往往比雄花序小；小花具梗，有毛或无毛，花序集合紧密或稀疏，近伞形或呈束状，同一花序的花基本上同时成熟；花被薄革质至肉质，2~3 裂（稀 4 裂），内面无毛，绿色至黄色，从不为红色；花被管分裂或深或浅，但从不完全分裂。雄花较小（小于雌花），球形，扁球形，宽球形，梨形，棒形，两侧压扁或否；雄蕊群花丝合生雄蕊柱形态多样，呈杯状，球形至椭圆球形，圆柱形，三棱形等，雄蕊柱具短柄或近无柄；花药通常完全或大部分背着贴生于或宽或窄的中柱上，形成不同的形态，雄蕊柱顶端凹陷或深或浅；花药 2~25（~30）枚，直立或弯曲，甚至有时上部弯折至中柱顶端的凹陷空腔内。雌花较大（大于雄花），扁球形，卵形，椭圆球形；子房球形或卵形，光滑或有毛；花柱几无；柱头 2 浅裂或 2 唇裂，稀多裂（*H. iryaghedhi*）。果序比雄花序小；果实球形至椭圆球形，果皮常具皮孔状疣粒，无毛，或者先有毛而后期脱落；果皮通常带肉质，干时褐色至黑褐色；花被有时宿存。假种皮完全包被种子，完整或顶端撕裂，或盘绕状。种子椭圆球形，稀球形；种皮颜色无花斑；国产种的发芽孔位于种子中部，幼苗具鳞叶（国外种未知）。

本属模式种为 *Horsfieldia iryaghedhi*（Gaertn.）Warb.（*H. odorata* Willd.）。

约 100 种，分布于南亚、东南亚、太平洋热带岛屿，从印度至菲律宾，到巴布亚新几内亚一带；根据 de Wilde 的文献整理到 107 个种（附录 5 ）。我国野生分布 2 种于云南、广西、海南。

本属分为 3 个组（ section ）：① *Horsfieldia* 组只包括 1 个种，即 *H. iryahgedhi*，虽然是本属的模式种，但形态特征与同属其他种差异较大，单列成组，主要区别点是叶下表皮具乳突（肺泡组织），花被具棱，柱头多裂（非 2 裂）；② *Irya* 组包括 40 个种，分成 8 个群（ group ），我国未见分布；③ *Pyrrhosa* 组包括 59 个种，分成 18 个群，其中 *H. amygdalina* 群有 4 个种，我国野生分布 2 个种。

    1. 叶大，多数叶长 30~50 cm，宽 10~20 cm；子房被毛；

       成熟果实花被宿存 ·························· 大叶风吹楠 *H. kingii*（ Hook. f. ）Warb.

    1. 叶小，多数叶长 20 cm 以下，宽 8 cm 以下；子房无毛；

       成熟果实花被脱落 ·························· 风吹楠 *H. amygdalina*（ Wall. ）Warb.

3.6.1　大叶风吹楠 *Horsfieldia kingii*（ Hook. f. ）Warb.（ 1897 ）

文献追溯： *Horsfieldia kingii*（ Hook. f. ）Warb. Monog. Myrist. 308. 1897; Gardens' Bulletin Singapore 37（ 2 ）：170，Fig. 4. 1984; Flora of China 7：100. 2008; 中国植物志 30（ 2 ）：202，图版 92. 1979; 云南植物志 1：10，图版 4（ 9—10 ）. ——*Horsfieldia hainanensis* Merr.，中国植物志 30（ 2 ）：199，图版 91. 1979. ——*Horsfieldia tetratepala* C. Y. Wu，中国植物志 30（ 2 ）：197，图版 90. 1979; 云南植物志 1：12，图版 4（ 1—8 ）. 1977.

文献说明：《中国植物志》记录了大叶风吹楠（ *Horsfieldia kingii* ）、海南风吹楠（ *H. hainanensis* Merr. ）和滇南风吹楠（ *H. tetratepala* C. Y. Wu ）。《Flora of China 》和《中国生物物种名录》（金效华，2015 ）将 3 种合并为"大叶风吹楠 *Horsfieldia kingii*"。本课题组研究支持合并的处理（吴裕，2015，2019 ）。

形态描述： 高大乔木，高达 40 m，胸径达 60 cm，主干通直，总状分枝形；树皮灰白色，分枝常集生树干顶部，平展稍下垂；嫩枝粗壮，圆柱状（无脊），髓中空。单叶互生，叶坚纸质至薄革质，长圆形、长卵形或长倒卵形，或近倒披针形，大多数叶长 30~50 cm，宽 10~20 cm，先端突尖至渐尖，基部楔形至宽楔形，稀为圆形；幼叶或多或少被锈色毛，成熟叶两面无毛或背面主脉被毛；叶柄长 1~5 cm，宽约 0.5 cm，稍扁或具沟槽或叶片下延成翅状。雄花序圆锥状，生于叶腋或落叶的叶腋，长达 30 cm，2~3 次分枝，被锈色毛；花序总梗基部和分枝处具苞叶，但早落；小花数朵簇生状；小花梗无小苞片；花蕾近球形，宽 0.2~0.4 cm，开放时宽达 0.6 cm；花被 2~4 裂，裂片三角状卵形；雄蕊花丝合生成雄蕊柱，整体三棱状球形；花药数约为 12~20 枚，线形，外向，有时上部弯曲至雄蕊柱顶端的凹陷部位。雌花序着生于叶腋或落叶的叶腋，长约 10~15 cm，1~2 次分枝，被锈毛（渐脱落）；总梗基部和分枝处具苞叶长 0.1~0.2 cm，蕾期脱落，留痕；小花梗无小苞片；雌花蕾近球形，径 0.2~0.4 cm，花被 2~4 裂（稀 5 裂）；子房被毛，卵形、长卵形、至扁球形；花柱几无，柱头浅 2 裂。果序长约 15 cm 以下，每序 1~6 个果；果梗长 1~2 cm；果椭圆形，卵形至长卵形，长 3~7 cm，宽 2~4 cm，熟时黄色，先端圆钝或具小突尖，基部或多或少偏斜，果皮下延成柄，约长 1cm；花被片呈不规则的盘状宿存；果实成熟，先端开裂，假种皮连同种子脱落；新鲜假种皮橙红色至橙黄色，假种皮完全包被种子，先端微撕裂或否；种子形态与果实相近，长 3~5 cm，宽 2~4 cm，两端圆钝平滑，种皮淡黄褐色，薄而成脆壳质，疏生脉纹，有光泽；发芽孔位于种子近中部；发芽孔至种子基部形成长条形疤痕；胚乳白色，因内种皮向内延伸而呈嚼烂状；油常温下棕红色膏状体。种子萌发时，幼苗具鳞叶 1~3 枚，幼茎和幼叶被锈色毛。花期 4~6 月，果实次年 4~6 月成熟。

地理分布： 分布于印度，尼泊尔至中南半岛一带。据《中国植物志》和《云南植物志》记录，我国云南盈江、瑞丽、龙陵、沧源、景洪、勐腊、金平、河口、广西、海南有分布。据本课题组 2009—2023 年间调查，于云南盈江、沧源、勐海、景洪、勐腊，广西凭祥、宁明采到样品，分布于海拔 1 000 m 以下洼地或沟谷雨林，单株散生或小居群集生。据报道，在海南五指山、白沙、乐东和昌江等地海拔 900~1 000 m 常见野生，广西宁明、龙州、大新、凭祥也有野生分布（蒋迎红，2016，2017，2018；钟圣赟，2018；蔡超男，2021）。在国内种群数量很少，根据水平分布和垂直分布的特点推测，中南半岛可能是野生分布的中心区。

种子含油：《中国植物志》记录滇南风吹楠种子含固体油 33.6%，《云南植物志》记录滇南风吹楠种子含固体油 57%。据《燃料油植物选择与应用》记录，海南风吹楠含葵酸 5.4%，月桂酸 28.6%，肉豆蔻酸 43.0%，硬脂酸 8.8%，棕榈酸 0.8%；滇南风吹楠含辛酸 3.6%，葵酸 4.8%，月桂酸 41.5%，肉豆蔻酸 39.1%，硬脂酸 5.9%，棕榈酸 0.4%。本课题组 2009—2019 年分析，大叶风吹楠 5 株树的种子的种仁含油率为 51.44%~71.97%，折合种子含油率为 40%~70%；油在常温下为棕红色膏状体，油中检测到 16 种脂肪酸，其中，辛酸为 0.28%~1.08%，葵酸为 1.19%~1.46%，十二烷酸为 35.68%~50.31%，十三烷

酸 为 0.16%~0.47%，十四碳烯酸为 0.07%~0.20%，十四烷酸为 41.39%~55.30%，十六碳烯酸为 0.04%~0.09%，十六烷酸为 2.08%~4.48%，十八碳二烯酸为 0.50%~1.27%，十八碳烯酸为 1.47%~3.11%，十八烷酸为 0.21%~0.52%，二十碳烯酸为 0.02%~0.05%，二十烷酸为 0.01%~0.05%，二十二烷酸为 0.01%~0.08%，二十四烷酸为 0.03%~0.07%，9- 苯基壬酸为 0.05%~0.41%。

其他说明：据本课题组调查，2013 年 4 月 18 日于景洪纳板河采到雄花；2021 年 5 月 13 日，纳板河保护区过门山站外沟谷内开雄花，树高而不可观察；2021 年 5 月 19 日云南省林业和草原科学院热带林业研究所（普文）内采到雄花，蕾期。2022 年 6 月 28 日勐仑采到雄花序和雌花序。复总状花序生落叶之叶腋，被褐色毛，二回分枝；花序总梗基部和花序分枝处具苞叶，三角状卵形，花序下部见较大的苞叶痕（未见苞叶）；二级花序分枝处，贴近小花梗具细小的苞叶，枯黄，将脱落，长约 0.1cm。小花多朵簇生于二级花序枝上，小花梗基部具苞叶；小花梗极短（几无），小花梗上未见小苞片；花蕾径 0.1~0.2 cm，棱球形，2~4 裂，雄蕊群排列为扁球形或棱球形，与风吹楠相似。据《云南省极小种群野生植物研究与保护》记录，果期 10—12 月（孙卫邦，2019），与本课题组在云南和广西调查的结果相差甚远。

大叶风吹楠样品采集点示意图见图 3-122，形态特征见图 3-123 至图 3-143。

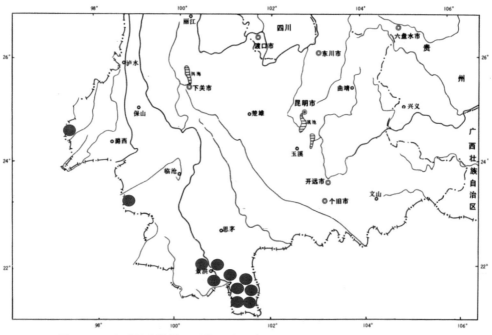

图 3-122　大叶风吹楠样品采集区域示意图（外加：广西凭祥市和宁明县）

图 3-123　大叶风吹楠（云南盈江）

图 3-124　大叶风吹楠（广西凭祥）

图 3-125　大叶风吹楠（残存小树）

图 3-126　大叶风吹楠（景洪纳板河）

图 3-127　大叶风吹楠（景洪普文）

图 3-128　大叶风吹楠（广西凭祥）

图 3-129　雄花枝（稀疏型）

图 3-130　雄花枝（紧密型）

图 3-131　雌花枝（从落叶的叶腋生出）

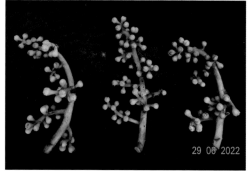

图 3-132　雌花序（成熟）

图 3-133　雄花开放（雄蕊聚合成棱球形）

图 3-134　雌花开放（子房被毛）

图 3-135　成熟果实

图 3-136　果皮自然开裂

图 3-137　假种皮及疤痕

图 3-138　成熟种子（云南景洪）

图 3-139　成熟种子（云南勐腊）

图 3-140　成熟种子（云南盈江）

图 3-141　成熟种子（广西凭祥）

图 3-142 种子萌发（具鳞叶）

图 3-143 幼苗（被锈毛）

3.6.2 风吹楠 *Horsfieldia amygdalina*（Wall.）Warb.（1897）

文 献 追 溯：*Horsfieldia amygdalina*（Wall.）Warb. Monog. Myrist. 310. 1897；
Gardens' Bulletin Singapore 37（2）：177. 1984；Flora of China 7: 100. 2008. 云南植
物志 1：12，图版 3（5—9）. 1977. ——*Horsfieldia glabra*（Bl.）Warb.，中国植
物志 30（2）：202，图版 93. 1979.

文献说明：《云南植物志》和《Flora of China》记入 *H. amygdalina*（Wall.）
Warb.；《中国植物志》记入 *H. glabra*（Bl.）Warb.。根据文献，de Wilde（1984b）
把 *Pyrrhosa* 组分成 18 个群，包含 *H. amygdalina* 群和 *H. glabra* 群。显然 2 个种
分在不同的群，说明差异比较大，但 de Wilde 也在文中说明因为"雄花的结构基
本相同，叶序不是二裂就是分散"的特征使得 2 个群存在明显联系，区别在于 *H.
amygdalina* 群的叶背面没有深色的疣点（cork warts, dark-coloured dots）；*H. glabra*
群叶背面有疣点。根据云南野生植株叶片观察，支持归入 *H. amygdalina*。再根据
《云南植物志》《Flora of China》和 de Wilde（1984b）的记录，*H. prunoides* C. Y.
Wu（1973）已归入本种。

形态描述：高大乔木，高达 30 m，胸径达 40 cm；侧枝平展稍下垂，常集生枝
顶；小枝圆柱形，无脊，绿色，疏被锈毛，渐脱落。单叶互生，幼叶密被锈毛，渐
落，老时无毛或沿主脉具毛；叶柄长 1~2 cm，稍扁或呈沟槽状；叶片坚纸质，长
椭圆状披针形或长椭圆形或长椭圆状倒披针形，大多数叶长 10~20 cm，宽 3~8 cm，
先端急尖至渐尖，基部楔形。雄花序生于叶腋或落叶的叶腋，圆锥状，2~4 次分

枝，绿色，近无毛；花序总梗基部和分枝处常具披针形苞叶（长 0.1~0.3 cm，具毛，早落，留痕），小花梗无小苞片；小花几乎簇生，近球形，径 0.1~0.2 cm；小花成熟时黄色，常 3 裂，稀 2 或 4 裂，裂片不反卷；雄蕊花丝合生成雄蕊柱，花药 8~18 枚（或更多）聚合于雄蕊柱顶端，呈平顶球状。雌花序常着生于落叶的叶腋或老枝上，1~2 次分枝，大多数花序长不足 10 cm，绿色，近无毛；总梗基部和分枝处具苞叶（长 0.1~0.3 cm，宽 0.1~0.2 cm，早落，留痕）；花数朵几乎簇生，球形，径 0.2~0.3 cm，成熟时黄色；花被常 2~3 裂；子房近球形，无毛，花柱几无，柱头 2 裂。果序长约 10 cm，果 1 至数个不等，很少超过 10 个。果实卵圆形至椭圆形，长 3~5 cm，宽 2~3 cm；顶端圆钝，稀凹陷或具短喙；基部或多或少偏斜，果皮常下延成短柄状；花被片不宿存；成熟果实黄色至褐色，先端自然开裂；假种皮连同种子自然脱落，新鲜假种皮橙黄色至橙红色，顶端微撕裂；种子椭圆形至卵形（或稍扁），两端圆，平滑；种皮灰褐色至黄褐色，脆壳质，具纤细脉纹，有光泽；胚乳白色，因内种皮向内延伸而呈嚼烂状；种仁油常温下为棕红色膏状体；发芽孔位于种子近中部；发芽孔至基部形成宽线形疤痕。幼苗具 3~5 枚鳞叶，幼茎和幼叶被锈色毛。花期通常 8—11 月，果实次年 4—6 月成熟。

地理分布： 分布于印度至中南半岛一带。据《中国植物志》和《云南植物志》记录，云南西双版纳、金平、河口、耿马、广西、海南有分布。本课题组于 2009—2023 年间调查，从云南沧源、勐海、景洪、勐腊采到样品，主要分布于海拔 1 200 m 以下山坡和山脊疏林或沟谷密林中，单株散生或小居群集生，相对大叶风吹楠而言，分布地海拔偏高，偏干旱，在高海拔处与壳斗科（Fagaceae）植物群落相连接甚至混生，但在发育良好的低海拔热带雨林中分布却相对较少。

种子含油： 据《云南植物志》记录，种子含固体油 28.7%；《中国植物志》和《Flora of China》记录种子含固体油 29%~33%。《燃料油植物选择与应用》记录风吹楠含癸酸 0.4%，月桂酸 41.2%，肉豆蔻酸 49.3%，硬脂酸 4.9%，棕榈酸 0.9%；据本课题组于 2009—2014 年采集种子分析，种仁含油率 45.27%~61.99%，折合种子含油率约为 25%~50%，株间变异大，同株不同年份间的变异也大。油中检测到 16 种脂肪酸，其中，癸酸为 0.52%~0.67%，十一烷酸为 0.01%~0.02%，十二烷酸为 44.53%~52.12%，十三烷酸为 0.18%~0.24%，十四碳烯酸为 0.06%~0.17%，十四烷酸为 38.53%~45.51%，十六碳烯酸为 0.02%~0.09%，十六烷酸为 3.09%~4.16%，十八碳二烯酸为 0.50%~0.99%，十八碳烯酸为 1.77%~3.12%，十八烷酸为 0.19%~0.35%，二十碳烯酸为 0.03%~0.05%，二十二烷酸为 0.02%~0.04%，二十四烷酸为 0.03%~0.06%，9-苯基壬酸为 0.01%~0.12%。

其他说明： de Wilde 记录 *H. amygdalina* 与 *H. thorelii* 和 *H. longiflora* 果实相似；与马来西亚的 *H. glabra* 相似，区别点在于 *H. amygdalina* 叶背面无深色疣点；与马来西亚的 *H. subalpina* 也相似。另外该文献将 *H. amygdalina* 分成 2 个变种，即 var. *amygdalina* 为原变种；var. *lanata* W. J. de Wilde 分布于柬埔寨和泰国；《Flora of China》还记录了 var. *macrocarpa* W. J. de Wilde 分布于泰国。调查中发现，少数常年结果的雌株发生花期紊乱，全年都会开花，而且开放大量雄花序（图 3-166）。

风吹楠样品采集点示意图见图 3-144，形态特征见图 3-145 至图 3-167。

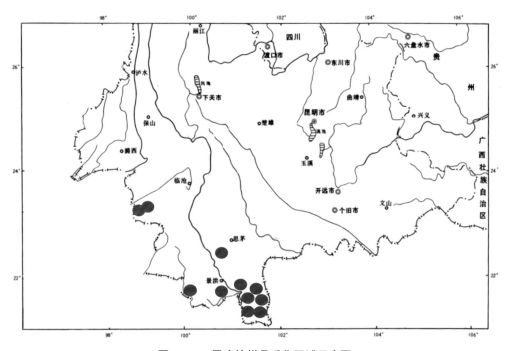

图 3-144　风吹楠样品采集区域示意图

图 3-145　风吹楠大树（勐海打洛）　　图 3-146　风吹楠残存于橡胶园内（云南景洪）

图 3-147　风吹楠幼叶被锈毛（沧源）　　图 3-148　风吹楠老叶几无毛（景洪）

图 3-149　雄花枝（云南沧源）　图 3-150　雄花枝（云南景洪）　图 3-151　花药聚合成棱球形

图 3-152　花粉粒形态

图 3-153　雌花枝（沧源）

图 3-154　子房无毛（景洪）

图 3-155　极早脱落的苞叶

图 3-156　坐果期

图 3-157　熟果期

图 3-158　果形变异 1（沧源）

图 3-159　果形变异 2（沧源）

图 3-160　果形变异（景洪）

图 3-161　风吹楠果实成熟开裂动态（云南沧源）

图 3-162　种子变异（云南景洪）

图 3-163　种子变异（云南勐腊）

图 3-164　种子变异 1（云南沧源）

图 3-165　种子变异 2（云南沧源）

图 3-166　每年正常结果的雌株开了雄花序（云南景洪）

图 3-167　种子萌发动态（发芽孔位于种子中部；具鳞叶）

3.7　小结

综合前述研究，共记录了 4 个属 8 个野生种。即内毛楠属 1 个种"云南内毛楠 *Endocomia macrocoma* (Miq.) de Wilde ssp. *prainii* (King) de Wilde（1984）"；红光树属 4 个种，分别为"红光树 *Knema tenuinervia* W. J. de Wilde.（1979），小叶红光树 *K. globularia* (Lam.) Warb. (1897)，假广子 *K. erratica* (Hook. f. et Thoms.) Sinclair (1961)，密花红光树 *K. tonkinensis* (Warb.) de Wilde (1979)"；肉豆蔻属 1 个种"云南肉豆蔻 *Myrisitca yunnanensis* Y. H. Li"；风吹楠属 2 个种，分别为"大叶风吹楠 *Horsfieldia kingii*（Hook. f.）Warb. (1897)，风吹楠 *H. amygdatina*（Wall.）Warb. (1897)"。

根据调查研究数据，补充描述了前人未记录的特征，扩充了部分数量性状的变幅。由于新冠疫情的原因，出差调查受到诸多限制。未能前往西藏墨脱采集"狭叶红光树"的样品，此处不进行记录。

参考文献

蔡超男，侯勤曦，慈秀芹，等，2021. 极小种群野生植物海南风吹楠的遗传多样性研究 [J]. 热带亚热带植物学报，29（5）：547-555.

程树棋，程传智，2005．燃料油植物选择与应用 [M]. 长沙：中南大学出版社：38.

胡先骕，1963. 森林植物小志 [J]. 植物分类学报，8（3）：197-198.

蒋迎红，2018. 极小种群海南风吹楠生态学特性及濒危成因分析 [D]. 长沙：中南林业科技大学 .

蒋迎红，项文化，何应会，等，2017. 极小种群海南风吹楠种群的数量特征及动态 [J]. 中南林业

　　科技大学学报，37（8）：66-71，80.

蒋迎红，项文化，蒋燚，等，2016. 广西海南风吹楠群落区系组成、结构与特征 [J]. 北京林业大

　　学学报：38（1）：74-82.

金效华，杨永，2015. 中国生物物种名录（第一卷　植物）种子植物（Ⅰ）[M]. 北京：科学出版

　　社：57.

孙卫邦，杨静，刀志灵，2019. 云南省极小种群野生植物研究与保护 [M]. 北京：科学出版社：

　　136-137.

王文采，刘冰，2016. 中国高等植物彩色图鉴（第 3 卷）[M]. 北京：科学出版社 .

吴裕，段安安，2019. 特殊油料树种琴叶风吹楠遗传多样性及分类学位置 [M]. 北京：中国农业科

　　学技术出版社。

吴裕，毛常丽，张凤良，等，2015. 琴叶风吹楠 (肉豆蔻科) 分类学位置再研究 [J]. 植物研究，35

　　（5）：652-659.

吴征镒，路安民，汤彦承，等，2003. 中国被子植物科属综论 [M]. 北京：科学出版社：76-79.

杨小波，2013. 海南植物名录 [M]. 北京：科学出版社：74.

杨宇明，杜凡，2004. 中国南滚河国家级自然保护区 [M]. 昆明：云南科技出版社 .

云南省植物研究所，1977. 云南植物志（第一卷）[M]. 北京：科学出版社 .

中国科学院中国植物志编辑委员会 . 1979. 中国植物志（第三十卷第二分册）[M]. 北京：科学出

　　版社 .

中国油脂植物编写委员会，1987. 中国油脂植物 [M]. 北京：科学出版社：123-124.

钟圣赟，陈国德，邱明红，2018. 海南风吹楠在海南岛的地理分布与生境特征 [J]. 福建农林科技，

　　45（1）：82-86，106.

de Wilde W J J O, 1979. New account of the genus *Knema* (Myristicaceae)[J]. Blumea, 25: 321-478.

de Wilde W J J O, 1984a. *Endocomia*, a new genus of Myristicaceae[J]. Blumea, 30(1): 173-196.

de Wilde W J J O, 1984b. A new account of the genus *Horsfieldia* (Myristicaceae)[J]. Gardens' Bulletin

　　Singapore, 37(2): 115-179.

de Wilde W J J O, 1997. Notes on southeast Asian and Malesian *Myristica* and description of new taxa

　　(Myristicaceae). With keys arranged per geographical area (New Guinea excepted)[J]. Blumea, 42(1):

111-190.

de Wilde W J J O, 2002. Additions to Asian Myristicaceae: *Endocomia*, *Gymnacranthera*, *Horsfieldia*, *Knema*, and *Myristica*[J]. Blumea, 47(2): 347-362.

Wu Z Y, Raven P H, Hong D Y, 2008. Flora of China (Vol. 7)[M].BeiJing: Science Press: 96-101.

第**4**章

中国野生肉豆蔻科分子系统学
——基于全基因组 AFLP 标记

4.1 引言

本课题组从形态学和居群分布现状开展研究，将中国野生肉豆蔻科分为 4 个属 8 个种。其中，这 4 个属间有形态学的间断性差别，同时得到油脂化学组成差异的支持，但是属下分种就有些困难。特别是红光树属（*Knema*）的属下分种问题颇多。表现为种间形态差别不明显或者是连续的变异，形态学难以识别，有些标本已被前面的研究者改了几次种名，或者同一号标本被不同的研究者归入不同的物种，莫衷一是。种子油脂化学对属下分种的贡献不大。

针对云南分布区的肉豆蔻科植物，形态学的连续变异和地理分布上的居群隔离，这是客观存在的事实。器官特化、遗传分化、种间渐渗都可能同时存在，再加上种群数量少这一个客观事实，使得分类学的研究更加困难。一般认为，形态特征和化学成分都是基因与环境共同作用的结果，DNA 的结构才是可靠的证据。全基因组分子标记（AFLP、RAPD、SSR、ISSR、PCR-RFLP）是常用的分子系统学研究方法。

本章采用 AFLP 标记技术，主要针对 3 个问题进行探讨。即，红光树与大叶红光树的关系；狭叶红光树与假广子的关系；琴叶风吹楠与风吹楠和大叶风吹楠的关系。为了引用文献和介绍的方便，以《中国植物志》记录的名称为准，对云南野生的 10 个种进行采样分析，名称对照和采样数量列于表 4-1。

表 4-1　采样的物种名称及合格样品信息

本书名称	中国植物志	样品数
云南内毛楠 *Endocomia macrocoma* ssp. *prainii*	琴叶风吹楠 *Horsfieldia pandurifolia*	56
大叶风吹楠 *Horsfieldia kingii*	大叶风吹楠 *H. kingii*	5
风吹楠 *Horsfieldia amygdatina*	风吹楠 *H. glabra*	6
云南肉豆蔻 *Myristica yunnanensis*	云南肉豆蔻 *M. yunnanensis*	6
小叶红光树 *Knema globularia*	小叶红光树 *K. globularia*	11
密花红光树 *Knema conferta*	密花红光树 *K. conferta*	4
红光树 *Knema tenuinervia*	红光树 *K. furfuracea*（澜沧江流域）	23
	大叶红光树 *K. linifolia*（南滚河流域）	9
假广子 *Knema erratica*	假广子 *K. erratica*	6
	狭叶红光树 *K. cinerea* var. *glauca*	1

4.2　样品采集和分析方法

　　根据前期调查记录，依据种群分布的特点，结合研究目的，进行采样数量和地理分布的规划，统一采样。采样过程中随身携带液氮罐，采集幼嫩叶片，随即装入冻存管，标记后置于液氮中速冻保存。样品带回实验室后，移入超低温冰箱（–80℃以下）统一保存。用 QIAGEN 试剂盒改良法进行全基因组 DNA 提取，NanoDrop2000 测定 DNA 浓度，质量合格后送生工生物工程（上海）股份有限公司进行荧光 AFLP 分析。

　　根据研究的重点不同和种群数量的客观条件，在采样时尽量覆盖所有居群，各个物种的采样数量有所不同。总共采集并提取合格 DNA 的样品数为 127 个。其中，琴叶风吹楠采样最多（56 个），兼用于遗传多样性分析，覆盖澜沧江流域的双江县、澜沧县、勐海县、景洪市和勐腊县，但是没能采集到南滚河流域的样品。由于风吹楠和大叶风吹楠的分类学位置明确（吴裕，2015），所以采样较少，两个种共采了 11 个。红光树在澜沧江流域分布较多，分为南沙河居群、象明居群、勐仑居群采样共 23 个，南滚河流域的大叶红光树仅 1 个小居群共采样 9 个。假广子样品从勐海县高海拔地区采集，共 6 个，没有采集南滚河流域的样品，也没采集勐腊县境内的样品。狭叶红光树仅在西双版纳热带植物园内采到 1 株树的样品。

4.3 红光树（澜沧江）与大叶红光树（南滚河）的比较

将获得的 AFLP 数据进行人工校对，得到 0/1 矩阵。将 0/1 矩阵用 NTSYS-pc-2.1e 软件分析，用 SimQual 程序求得 DICE 相似性系数矩阵，用 SHAN 程序中的 UPGMA 方法进行个体聚类，通过 TreePlot 模块生成聚类图。用 POPGENE version 3.0 计算观测等位基因数（Na）、Nei's 多样性指数（H）、有效等位基因数（Ne）、遗传一致度和 Shannon 信息指数（I）等遗传多样性指标。

4.3.1 荧光 AFLP 扩增多态性

将符合要求的样品 DNA 经 PstI/MseI 双酶切并连接接头后，从 64 对引物组合中筛选了 8 对引物进行选择性扩增，扩增后结果经 ABI377 测序仪进行条带读取，8 对引物共读取了 1 728 条带，读取后的数据经人工校对得到 1 266 条带，进一步转化为 0/1 数据。1 266 条带中多态性条带 874 条，多态性百分率为 69.04%。

4.3.2 群体遗传多样性

用 POPGENE version 1.32 软件计算遗传参数（表 4-2）。结果表明，各居群的居群内观测等位基因数（Na）为 1.612 2~1.727 8，有效等位基因数（Ne）为 1.300 1~1.360 4，Nei's 多样性指数（H）为 0.182 8~0.222 5，shannon 多样性指数（I）为 0.282 3~0.344 0。在这 4 个居群中，南滚河居群的多态性位点数最少，百分率最低，南沙河居群多态性位点最多，百分率最高。

表 4-2　红光树和大叶红光树的遗传多样性

居群	观测等位基因数（Na）	有效等位基因数（Ne）	Nei's 多样性指数（H）	shannon 多样性指数（I）	多态性位点数（N）	多态性百分率（PPL）（%）
南滚河	1.612 2	1.300 1	0.182 8	0.282 3	182	61.22
象明	1.623 3	1.314 3	0.190 0	0.292 2	187	62.33
南沙河	1.727 8	1.360 4	0.222 5	0.344 0	218	72.78
勐仑	1.623 3	1.310 8	0.190 1	0.293 3	187	62.33

4.3.3 群体遗传结构

按照 4 个居群进行遗传结构分析。结果表明，这 4 个居群的总遗传多样性（H_t）为 0.246 0，居群内遗传多样性（Hs）为 0.196 3，居群间遗传分化系数（Fst）

为 0.206 0，基因流为 1.968 2。

AMOVA 分析表明，这 4 个居群间的遗传差异达到极显著水平（$P<0.001$），居群内的遗传变异达 92.33%，居群间的变异为 7.67%，说明南滚河居群和澜沧江居群的遗传变异主要来自于居群内，这与 Nei's 遗传多样性和 shannon 多样性指数的结果一致。

4.3.4　居群间遗传距离

通过 NTSTS 软件对这 4 个居群的遗传距离和遗传一致度进行计算（表 4-3）。这 4 个居群的遗传距离为 0.014 6~0.142 4，象明居群与南沙河居群的遗传距离最近，仅为 0.014 6，在水平地理距离上也最近；南滚河居群与勐仑居群的遗传距离最远，为 0.142 4；象明居群与南沙河居群的遗传一致度最大，为 0.985 6，南滚河居群与勐仑居群的遗传一致度最小，为 0.867 5。

表 4-3　红光树和大叶红光树 4 个居群的遗传一致度和遗传距离

居群	南滚河	象明	南沙河	勐仑
南滚河	—	0.888 0	0.882 8	0.867 5
象明	0.119 0		0.985 6	0.976 0
南沙河	0.124 8	0.014 6	—	0.979 0
勐仑	0.142 4	0.024 4	0.021 2	—

注：遗传一致度（右上角）和遗传距离（左下角）。

4.3.5　居群聚类分析

基于 0/1 数据矩阵，以云南肉豆蔻为外类群，用 NTSYS 软件对个体进行 UPGMA 聚类分析（图 4-1），结果表明南滚河居群所有个体单独聚成一枝，而澜沧江流域 3 个居群的个体无规律地交叉。基于遗传相似性系数对这 4 个居群进行聚类（图 4-2），结果显示在遗传相似性系数约为 0.83 时，南滚河居群独立于澜沧江流域所有居群单独成枝；在澜沧江流域的 3 个居群内，象明居群和南沙河居群的遗传距离更近，两者形成姐妹群后再与勐仑居群聚成一枝。

南滚河属于萨尔温江水系，流入印度洋，南滚河居群地理坐标大概为东经 99°04'，北纬 23°16' 附近；澜沧江流入太平洋，其中与南滚河居群地理距离最近的勐仑居群地理坐标大概为东经 101°14'，北纬 21°54' 附近。两个居群水平距离为 250 多千米，中间有高山阻隔，两地间直接实现花粉传播或种子传播相当困难。实

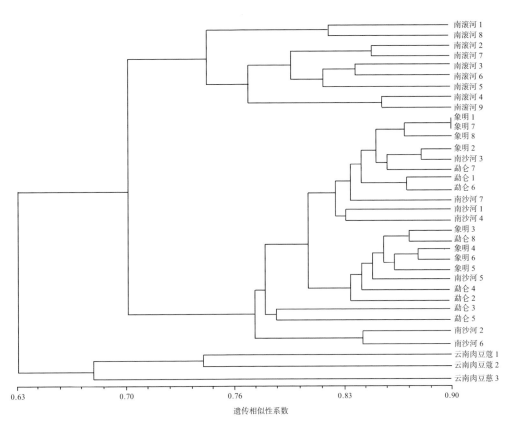

图 4-1　红光树 4 个居群 32 个个体的 UPGMA 聚类图

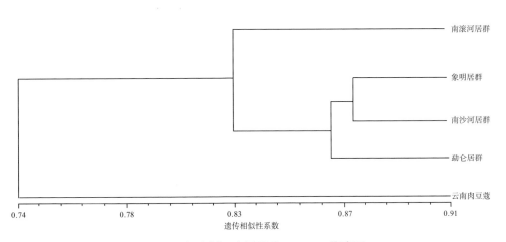

图 4-2　红光树 4 个居群的 UPGMA 聚类图

际上测定的居群间遗传分化系数（*Fst*）为 0.206 0，基因流为 1.968 2，从地理分布上澜沧江流域内的 3 个小居群可以归为一个较大的居群。

一般认为遗传分化系数（*Fst*）介于 0.15~0.25 时，群体较大分化；基因流小于 1，可以认为居群间无基因流动，介于 1~2 有少量基因流动。蔡超男采集滇南风吹楠的云南种群和广西种群进行分析，发现遗传变异主要来自于居群间，且居群遗传距离与地理距离呈极显著正相关，明显地分为云南和广西两个大居群（Cai，2021b）。结合本研究的红光树遗传变异主要来自于居群内，说明该类植物容易受地理隔离而分化。进一步对澜沧江流域内的 3 个小居群进行分析，遗传分化系数为 0.075 2，基因流为 6.148 7，说明这 3 个小居群实际上基因流动频繁；再将这 3 个小居群合成 1 个大居群与南滚河居群进行分析，遗传分化系数为 0.192 9，基因流为 2.092 1，进一步说明南滚河居群与澜沧江居群分化已比较明显，但至少曾经存在一定量的基因流动。

由此，可以判为南滚河居群与澜沧江居群属于同一形态学种（morphological species）在分布区北缘的两个隔离居群，如果再继续长时间隔离下去，有可能会分化成两个生物学种（biological species）。

4.4 肉豆蔻科 10 个种的比较分析

前期研究已经证明，云南野生的琴叶风吹楠虽然形态变异较大，但遗传基础较窄，遗传变异主要来自于居群内（75.45%），居群间仅为 24.55%（毛常丽，2020），所以从不同采样点随机选择 5 个样品为代表；本章已述及，澜沧江流域的红光树 3 个小居群实际是一个基因流动自由而频繁的大居群，所以从中随机选择 8 个样品为代表，南滚河居群的 9 个样品保持不变；其他种类的样品数也相应减少，最终以 48 个样品参加比较分析（表 4-4）。

4.4.1 遗传参数分析

用 5 对 AFLP 引物对 10 个种共 48 个样品进行扩增，数据经人工校对得到 0/1 矩阵，每对引物产生 1049 条扩增条带。校对后的 0/1 矩阵经 Popgene 分析各遗传参数（表 4-5），结果显示 10 个种的观测等位基因数（*Na*）范围为 1.218 9~1.756 7，有效等位基因数（*Ne*）范围为 1.154 8~1.375 5，Nei's 多样性指数（*H*）范围为 0.090 7~0.222 6，shannon 多样性指数（*I*）范围为 0.132 4~0.336 2，多态性条带数为 197~681 条，多态性百分率为 18.78%~64.92%。在 10 个种的扩增条带数中，澜沧江流域的红光树多态性位点数最多，百分率最高；狭叶红光树多态性位点最少，百分率最低。

表 4-4　肉豆蔻科 10 个种的参试样品信息

本书名称	中国植物志	样品数
云南内毛楠 Endocomia macrocoma ssp. prainii	琴叶风吹楠 Horsfieldia pandurifolia	5
大叶风吹楠 Horsfieldia kingii	大叶风吹楠 H. kingii	5
风吹楠 Horsfieldia amygdatina	风吹楠 H. glabra	6
云南肉豆蔻 Myristica yunnanensis	云南肉豆蔻 M. yunnanensis	3
小叶红光树 Knema globularia	小叶红光树 K. globularia	3
密花红光树 Knema conferta	密花红光树 K. conferta	4
红光树 Knema tenuinervia	红光树 K. furfuracea（澜沧江流域）	8
	大叶红光树 K. linifolia（南滚河流域）	9
假广子 Knema erratica	假广子 K. erratica	4
	狭叶红光树 K. cinerea var. glauca	1

表 4-5　肉豆蔻科 10 个种的遗传多样性

种　名	观测等位基因数（Na）	有效等位基因数（Ne）	Nei's 多样性指数（H）	shannon 多样性指数（I）	多态性位点数（N）	多态性百分率（PPL）（%）
大叶红光树（南滚河）	1.572 2	1.269 7	0.165 5	0.257 2	515	49.09
红光树（澜沧江）	1.756 7	1.268 5	0.170 0	0.273 1	681	64.92
假广子	1.544 4	1.283 4	0.172 6	0.265 4	490	46.71
密花红光树	1.294 4	1.156 3	0.096 0	0.147 3	265	25.26
狭叶红光树	1.218 9	1.154 8	0.090 7	0.132 4	197	18.78
小叶红光树	1.500 0	1.269 4	0.162 4	0.248 2	450	42.90
大叶风吹楠	1.550 0	1.306 5	0.183 5	0.278 8	495	47.19
风吹楠	1.640 0	1.351 6	0.211 3	0.321 5	576	54.91
琴叶风吹楠	1.648 9	1.375 5	0.222 6	0.336 2	584	55.67
云南肉豆蔻	1.311 1	1.187 4	0.112 7	0.169 4	280	26.69

4.4.2　种间遗传距离

用 Popgene 对肉豆蔻科 10 个种进行遗传距离计算（表 4-6）。结果显示 10 个种的遗传距离范围从 0.082 9（红光树与假广子）到 0.564 4（狭叶红光树与大叶风吹楠），遗传相似性系数的范围从 0.568 7（狭叶红光树与大叶风吹楠）到 0.920 4

（红光树与假广子）。其中，在红光树属之下，红光树、假广子和密花红光树这 3 个种的遗传距离最小（0.082 9~0.098 2），遗传相似性系数最高（0.906 5~0.920 4）；南滚河的大叶红光树与澜沧江的红光树遗传距离为 0.114 6，遗传相似性系数为 0.891 7，处于中等水平；南滚河的大叶红光树与狭叶红光树的遗传距离最远（0.263 6），遗传相似性系数最低（0.768 3）。

4.4.3 以个体为单位的种间聚类

基于 0/1 数据矩阵，用 NTSYS 软件对 10 个种的个体进行 UPGMA 聚类分析（图 4-3）。所有物种分成 2 个大枝，其中 1 枝表现为琴叶风吹楠独立于风吹楠属之外，形成姐妹群，支持琴叶风吹楠从风吹楠属中分出来，与前期研究一致（吴裕，2015，2019）；另 1 枝表现为云南肉豆蔻独立于红光树属之外，即在遗传距离约为 0.324 时分为 4 个属是明确的。但红光树属的属下分种则存在诸多问题。在红光树属这个分枝内，南滚河流域的大叶红光树从基部就分出去，其他 5 个种聚为 1 小枝；再往下，澜沧江流域的红光树、假广子和南滚河的密花红光树聚在一起，而且有交叉；狭叶红光树只采到 1 个样品，与密花红光树聚在一起。

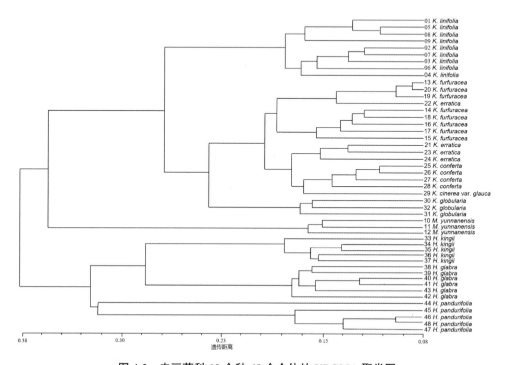

图 4-3　肉豆蔻科 10 个种 48 个个体的 UPGMA 聚类图

表 4-6 肉豆蔻科 10 个种的遗传一致度和遗传距离

居群	云南肉豆蔻	大叶红光树	红光树	假广子	密花红光树	狭叶红光树	小叶红光树	大叶风吹楠	风吹楠	琴叶风吹楠
云南肉豆蔻	****	0.722 9	0.722 9	0.689 1	0.712 4	0.612 6	0.695 0	0.697 6	0.671 4	0.688 3
大叶红光树	0.324 5	****	0.891 7	0.892 8	0.880 3	0.768 3	0.835 6	0.711 7	0.709 9	0.745 3
红光树	0.324 5	0.114 6	****	0.920 4	0.906 5	0.788 8	0.895 5	0.689 1	0.708 1	0.713 7
假广子	0.372 4	0.113 4	0.082 9	****	0.914 4	0.810 7	0.883 2	0.683 7	0.686 7	0.705 8
密花红光树	0.339 1	0.127 5	0.098 2	0.089 5	****	0.821 6	0.840 7	0.565 4	0.672 1	0.689 8
狭叶红光树	0.490 0	0.263 6	0.237 3	0.209 8	0.196 5	****	0.790 6	0.568 7	0.626 4	0.612 2
小叶红光树	0.363 8	0.179 6	0.110 4	0.124 2	0.173 5	0.234 9	****	0.640 6	0.670 8	0.645 2
大叶风吹楠	0.360 2	0.340 1	0.372 4	0.380 2	0.407 4	0.564 4	0.445 3	****	0.813 8	0.742 1
风吹楠	0.398 4	0.342 6	0.345 2	0.375 9	0.397 4	0.467 8	0.399 3	0.206	****	0.714 7
琴叶风吹楠	0.373 6	0.293 9	0.337 3	0.348 5	0.371 3	0.490 7	0.438 2	0.298 3	0.335 8	****

注：遗传一致度（右上角）和遗传距离（左下角）。

4.4.4 以种为单位的种间聚类

基于遗传相似性系数对这 10 个种进行聚类（图 4-4）。结果显示在分属的水平上与个体聚类结果一致，但在红光树属下的分种又有所不同。表现为狭叶红光树从基部就与其他 5 个种分开；澜沧江流域的红光树、假广子、南滚河流域的密花红光树先聚为 1 小枝后，再与南滚河流域的大叶红光树形成姐妹群。

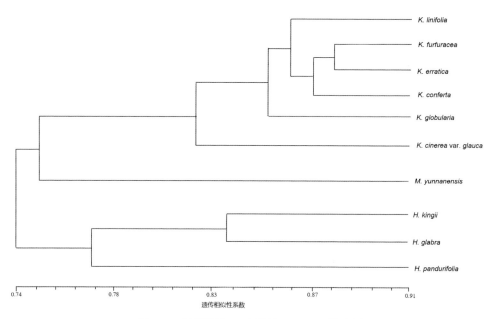

图 4-4 肉豆蔻科 10 个种的 UPGMA 聚类图

4.5 小结

根据 AFLP 标记分析的结果支持分为 4 个属，这与形态学和油脂化学的分类结果一致。风吹楠属再分为大叶风吹楠和风吹楠两个种，界限清晰，不再讨论；红光树属下的分种则有些"糊涂"。

根据个体聚类图（图 4-3）和物种聚类图（图 4-4），假广子、红光树、密花红光树都聚为一枝，基本一致。南滚河流域的大叶红光树与其他 5 个种的遗传距离为0.113 4~0.263 6，距离并非最远，在物种聚类时（图 4-4）与红光树等 3 个种形成姐妹群，在个体聚类图中却从基部分出，区别于其他 5 个种。狭叶红光树与其他 5 个种的遗传距离为 0.196 5~0.263 6，遗传距离最远，以物种聚类时从基部与其他 5 个种分开，而在个体聚类中却与密花红光树聚为 1 小枝。两种方法的结果明显不同。

狭叶红光树无论是从基部分出来，还是与密花红光树聚为 1 枝，结果都是与假广子没能聚到一个小枝，这与形态学分析结果不一致。进一步分析遗传距离和遗传相似性系数，假广子、红光树和密花红光树最相近，狭叶红光树只采集到 1 个样品，与密花红光树聚到一起意味着与假广子也很近。

进一步核对每一个样品的来源，发现第 44 号样品琴叶风吹楠是云南省热带作物科学研究所的前辈们从外地引种，第 33 号样品大叶风吹楠生长于云南省林业和草原科学院热带林业研究所（景洪普文），引种来源不清，但肯定不是野生分布。这两个样品都与当地野生样品明显区分开，说明存在较大的遗传差异。本课题组从广西凭祥采集的海南风吹楠也与云南的大叶风吹楠明显分开（吴裕，2015）；蔡超男的研究表明，滇南风吹楠的广西种群与云南种群存在明显分化，但界线不清晰（Cai，2021a，2021b）。本研究中狭叶红光树这 1 个样品从西双版纳热带植物园采集，当时根据树上标牌，叶形较窄，柱头 2 裂，每裂片具 3~4 齿的特征确认。实际上在野生资源采样过程中发现叶形较窄的植株，因未见花而鉴定为假广子（例如，图 3-82）。综合文献报道、本课题组经验、样品来源等信息，本试验中这个狭叶红光树样品与勐海西定高海拔地区的野生种群存在较大的遗传差异属于客观事实。虽然勐海西定与勐腊勐仑的水平距离不算远，但依据小流域来划分，实际上还是比较远。

本课题组在采样过程中发现澜沧江流域的个别小叶红光树与南滚河流域的密花红光树叶形极相似（未参试）。采自于云南屏边的两份标本（蔡希陶 61638、61533）在我国鉴定为小叶红光树（*K. globularia*），de Wilde 却鉴定为 *K. petelotii*（de Wilde，1979；叶脉，2004）。同一祖先种的 2 个居群，尽管地理上没有完全分离，却发生了分化，表现为中间重叠区域的个体可以相互交配，但两个居群仍在继续分化，这是新种形成的方式之一（古尔恰兰·辛格，2008）。物种形态特征的间断性不明显，通过形态鉴定有"似是而非"的感觉，可以理解为形态学种的分化不清晰。

在南滚河流域发现 1 株大树，树型和大部分叶形表现为大叶红光树，花序形态和极少数的叶片极似假广子，怀疑是假广子与大叶红光树的杂交起源，鉴定为大叶红光树（图 3-29，图 3-30），可以判为同域分布的种间遗传渐渗（未参试）。同域分布物种通过种间杂交形成新种，也是物种形成的方式之一（古尔恰兰·辛格，2008）；我国野生的麻栎（*Quercus acutissima*）和小叶栎（*Q. chenii*）由相同祖先分化而来，后期又发生种间基因渐渗（李垚，2019）；在育种学领域，种间杂交是育种者常做的工作。

在分布区北缘，居群间的地理隔离和环境异质性客观存在，而且环境异质性在边界区域对物种的影响远远大于在分布的中心区。可能由于物种分化的不完全、种间有性杂交、种内遗传分化等因素的多重影响，导致在核基因水平上表现为：同域分布的近缘种间"礼尚往来"，同一物种的异域分布居群却"分道扬镳"。

本研究的不足之处是当时没有采集勐仑区域内的野生假广子参加分析。在野外调查过程中，发现狭叶红光树与假广子难以区分，叶形特征符合要求的植株很少开花，即使开花了，柱头也很小，不易观察，而且柱头裂片还存在株内变异，容易鉴定"错误"，只有生长在植物园内的这株可以认为是"标准"的狭叶红光树。鉴于此，本课题组为了确保采样"可靠"，所以只采集勐海西定高海拔地区隔离分布的野生资源为假广子样品，设想如果都聚为同一枝，就可以证明它们是同一个种（实际上勐仑附近有野生假广子植株）。但是没有考虑到地理隔离条件下的居群遗传分化带来的不确定性，最终"悬而未决"。

参考文献

古尔恰兰·辛格，2008. 植物系统分类学——综合理论及方法 [M]. 北京：化学工业出版社.

李垚，2019. 中国栎属麻栎组树种的遗传结构与演化历史 [D]. 南京：南京林业大学.

毛常丽，张凤良，李小琴，等，2020. 琴叶风吹楠资源遗传多样性的 AFLP 分析 [J]. 热带亚热带植物学报，28（3）：271-276.

吴裕，段安安，2019. 特殊油料树种琴叶风吹楠遗传多样性及分类学位置 [M]. 北京：中国农业科学技术出版社.

吴裕，毛常丽，张凤良，等，2015. 琴叶风吹楠（肉豆蔻科）分类学位置再研究 [J]. 植物研究，35（5）：652-659.

叶脉，2004. 中国肉豆蔻科植物分类研究 [D]. 广州：华南农业大学.

Cai C N, Ma H, Ci X Q, et al., 2021a. Comparative phylogenetic analyses of Chinese *Horsfieldia* (Myristicaceae) using complete chloroplast genome sequences[J]. Journal of Systematics and Evolution, 59(3): 504-514 (doi:10.1111/jse.12556).

Cai C N, Xiao J H, Ci X Q, et al., 2021b. Genetic diversity of *Horsfieldia tetratepala* (Myristicaceae), an endangered plant species with extremely small populations to China: implications for its conservation[J]. Plant Systematics and Evolution, 307(4): 50 (doi.org/10.1007/s00606-021-01774-z).

de Wilde W J J O, 1979. New account of the genus *Knema* (Myristicaceae)[J]. Blumea, 25: 321-478.

第 **5** 章

中国野生肉豆蔻科分子系统学
——基于叶绿体基因组序列

5.1 引言

本课题组从形态学方面进行了比较，发现琴叶风吹楠的种子形态、胚位置、幼苗无鳞叶等性状与风吹楠属其他几个种"格格不入"，进一步分析种仁油的脂肪酸组成也是"千差万别"；分布于澜沧江流域的红光树与分布于南滚河流域的大叶红光树太相似；分布于澜沧江流域的假广子与狭叶红光树也很难区分。鉴于以上困惑，本课题组通过全基因组 AFLP 标记分析，结果表明属间区分明确，但是红光树属下的分种结果却与形态学分种结果不相关。

一般认为，被子植物叶绿体 DNA（chloroplast DNA，cpDNA）属于母性遗传，其控制的性状不符合孟德尔（Mendel）遗传规律。目前已知很多高等植物叶绿体基因组结构非常稳定，进化速率较低；叶绿体基因在物种进化中形成相对独立稳定的体系；叶绿体基因组比较小，结构简单，测序容易。由于这些特点，叶绿体基因组序列被认为是研究系统发生的可靠依据，并被广泛应用。分子系统树以核苷酸的差异数为指标来构建，可借助计算机比较遗传距离，明了科间、属间、种间甚至品种间的亲缘关系（周荣汉，2005）。鉴于此，针对上述"悬而未决"的问题，本章比较叶绿体基因序列的相似程度，进一步寻找"是分是合"的证据。

本课题组以《云南植物志》《中国植物志》和《Flora of China》记录的肉豆蔻科野生分布为依据，对云南野生的 10 个种进行采样分析。为了方便记录和阅读，采样名称一律按《中国植物志》的学名记录，名称对照见表 5-1。

表 5-1　采样的物种名称对照表

本书名称	中国植物志	Flora of China
云南内毛楠 Endocomia macrocoma ssp. prainii	琴叶风吹楠 Horsfieldia pandurifolia	云南风吹楠 H. prainii
红光树 Knema temuinervia	红光树 K. furfuracea	红光树 K. temuinervia
	大叶红光树 K. linifolia	大叶红光树 K. linfolia
小叶红光树 Knema globularia	小叶红光树 K. globularia	小叶红光树 K. globularia
假广子 Knema erratica	假广子 K. erratica	假广子 K. elegans
	狭叶红光树 K. cinerea var. glauca	狭叶红光树 K. lenta
密花红光树 Knema conferta	密花红光树 K. conferta	密花红光树 K. tonkinensis
云南肉豆蔻 Myristica yunnanensis	云南肉豆蔻 M. yunnanensis	云南肉豆蔻 M. yunnanensis
大叶风吹楠 Horsfieldia kingii	大叶风吹楠 H. kingii	大叶风吹楠 H. kingii
风吹楠 Horsfieldia amygdatina	风吹楠 H. glabra	风吹楠 H. amygdatina

5.2　样品采集和分析方法

本课题组于 2018 年底到 2019 年初开展野外采样。采样过程中随身携带液氮罐，采集幼嫩叶片，随即装入冻存管，标记后置于液氮中速冻保存。样品带回实验室后，移入超低温冰箱（–80℃以下）统一保存。用 QIAGEN 试剂盒改良法进行全基因组 DNA 提取，将提取得到的高质量 DNA 采用 454 高通量二代测序法进行，测序文库由 GS 文库构建试剂盒制备。使用 CLC 基因组工作台 v3.6 对叶绿体基因组进行组装，DOGMA 程序预测叶绿体基因组中的基因，利用基于网络的程序 OGDRAW 绘制各个种的叶绿体基因组圈图。样品采集基本信息如下。

（1）云南内毛楠（*Endocomia macrocoma* ssp. *prainii*），即以前的琴叶风吹楠（*Horsfieldia pandurifolia*），采自澜沧江流域。

（2）红光树（*Knema tenuinervia*）分 2 个种采样，即红光树（*K. furfuracea*）采自于景洪市基诺乡，属于澜沧江流域的罗梭江小流域；大叶红光树（*K. linifolia*）采自于沧源县南滚河流域，位于红卫桥附近，海拔约 600 m。

（3）小叶红光树（*Knema globularia*）采自澜沧江流域的南沙河小流域。

（4）假广子（*Knema erratica*）分 2 个种采样，因为在澜沧江流域都有分布，所以有意识选择隔离的居群。假广子（*K. erratica*）采自于勐海县西定乡章朗村海拔 1 600 m 沟谷林中；狭叶红光树（*K. cinerea*）采自西双版纳热带植物园内，除了叶形较窄这个特征以外，根据《中国植物志》记录柱头 2 裂，每裂片 3~4 齿裂的依据确认（与第 4 章狭叶红光树为同一样品）。

（5）密花红光树（*Knema conferta*）采自于南滚河流域之沧源县班洪乡南朗村海拔 700 多米之半山坡。

（6）云南肉豆蔻（*Myristica yunnanensis*）采自于澜沧江流域之景洪市城郊。

（7）大叶风吹楠（*Horsfieldia kingii*）采自于澜沧江流域之景洪市城郊。

（8）风吹楠（*Horsfieldia amygdatina*）采自于澜沧江流域之景洪市城郊。

另外，从 GenBank 下载的数据：*H. pandurifolia*（MN486686.1，MN495960.1，MN495966.1，MN495968.1，MN495970.1）；*K. tenuinervia*（MK285563.1）；*M. fragrans*（MN495963.1）；*M. yunnanensis*（MN495964.1）；*H. tetratepala*（MN495961.1，MN 495967.1，MN495969.1，MN 495971.1）；*H. hainanensis*（MN486685.1，MN 495959.1）；*H. amygdatina*（MN495958.1，MN495965.1）。

5.3 测序结果

5.3.1 琴叶风吹楠（在 GenBank 中的编号 MH445411；图 5-1）

琴叶风吹楠叶绿体基因组长度为 155 695 bp，碱基组成为 A（30.01%）、G（19.31%）、C（19.90%）和 T（30.78%）。基因组包含两个反向重复区 IRa 和 IRb（长度为 48 062 bp），且由一个长度为 92 561 bp 的大的单拷贝（LSC）和一个长度为 15 072 bp 的小的单拷贝（SSC）区域分离。基因组共有 121 个基因，包含 86 个蛋白质编码基因，27 个转运 RNA（tRNA）基因和 8 个核糖体 RNA（rRNA）基因。

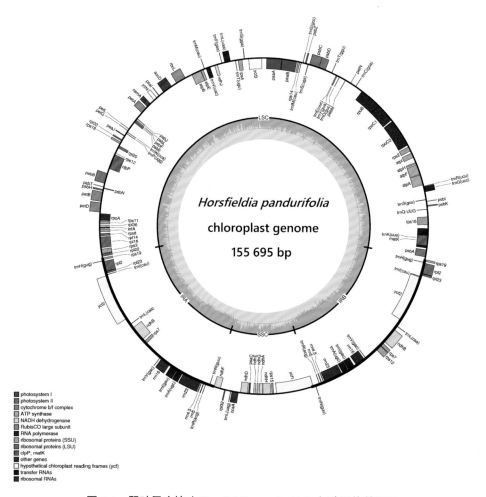

图 5-1 琴叶风吹楠（*Horsfieldia pandurifolia*）叶绿体基因组

5.3.2 红光树（在 GenBank 中的编号 MK285563；图 5-2）

红光树叶绿体基因组长度为 154 527 bp，碱基组成为 A（29.99%）、G（19.31%）、C（19.92%）和 T（30.78%）。基因组包含两个反向重复区 IRa 和 IRb（长度为 48 110 bp），且由一个长度为 86 188 bp 的大的单拷贝（LSC）和一个长度为 20 229 bp 的小的单拷贝（SSC）区域分离。基因组有 124 个基因，包含 87 个蛋白质编码基因，27 个转运 RNA（tRNA）基因和 8 个核糖体 RNA（rRNA）。

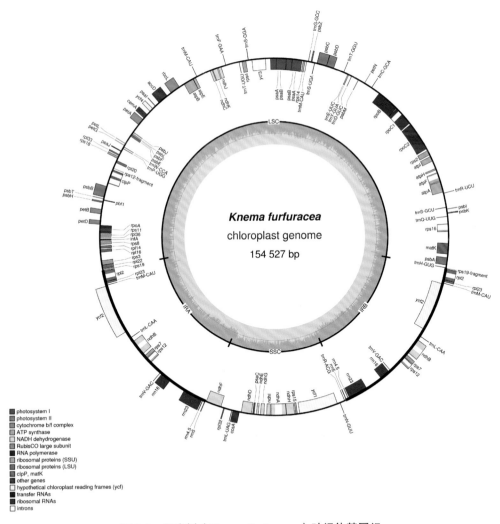

图 5-2 红光树（*Knema furfuracea*）叶绿体基因组

5.3.3　大叶红光树（在 GenBank 中的编号 MN683753；图 5-3）

　　大叶红光树叶绿体基因组长度为 155 754 bp，碱基组成为 A（30.02%）、G（19.30%）、C（19.89%）和 T（30.79%）。基因组包含两个反向重复区 IRa 和 IRb（长度为 48 080 bp），且由一个长度为 86 991 bp 的大的单拷贝（LSC）和一个长度为 20 683 bp 的小的单拷贝（SSC）区域分离。基因组有 128 个基因，包含 89 个蛋白质编码基因，31 个转运 RNA（tRNA）基因和 8 个核糖体 RNA（rRNA）基因。

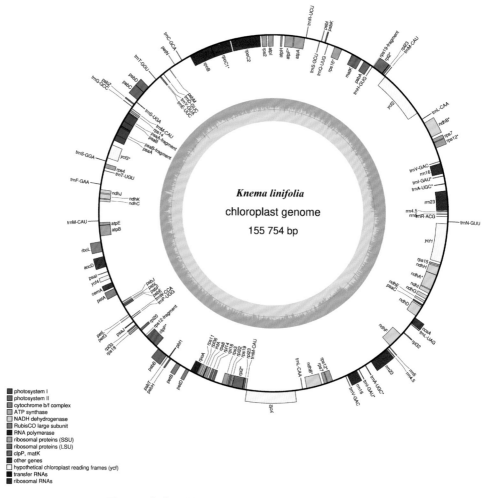

图 5-3　大叶红光树（*Knema linifolia*）叶绿体基因组

5.3.4 小叶红光树（在 GenBank 中的编号 MN683755；图 5-4）

小叶红光树叶绿体基因组长度为 155 726 bp，碱基组成为 A（30.02%）、G（19.31%）、C（19.90%）和 T（30.77%）。基因组包含两个反向重复区 IRa 和 IRb（长度为 48 154 bp），且由一个长度为 86 898 bp 的大的单拷贝（LSC）和一个长度为 20 674 bp 的小的单拷贝（SSC）区域分离。基因组有 131 个基因，包含 92 个蛋白质编码基因，31 个转运 RNA（tRNA）基因和 8 个核糖体 RNA（rRNA）基因。

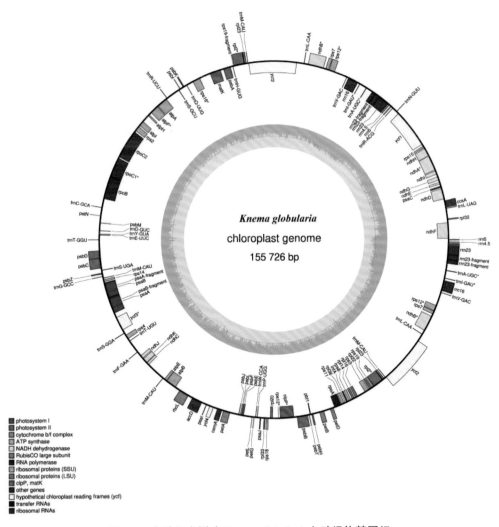

图 5-4　小叶红光树（*Knema globularia*）叶绿体基因组

5.3.5 假广子（在 GenBank 中的编号 MK285564；图 5-5）

假广子叶绿体基因组长度为 155 691 bp，碱基组成为 A（30.02%）、G（19.31%）、C（19.89%）和 T（30.78%）。基因组包含两个反向重复区 IRa 和 IRb（长度为 48 122 bp），且由一个长度为 86 883 bp 的大的单拷贝（LSC）和一个长度为 20 686 bp 的小的单拷贝（SSC）区域分离。基因组有 123 个基因，包含 85 个蛋白质编码基因，27 个转运 RNA（tRNA）基因和 8 个核糖体 RNA（rRNA）基因。

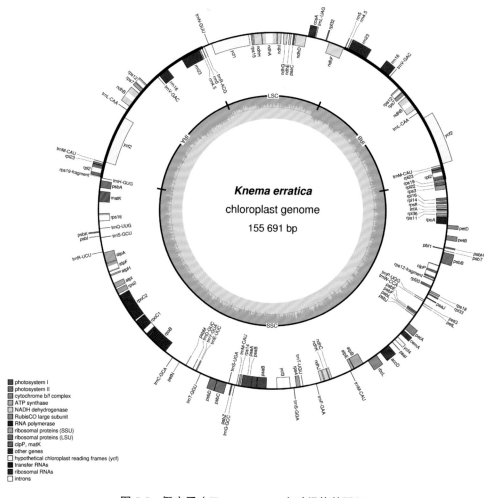

图 5-5　假广子（*Knema erratica*）叶绿体基因组

5.3.6 狭叶红光树（在 GenBank 中的编号 MN683756；图 5-6）

狭叶红光树叶绿体基因组长度为 155 690 bp，碱基组成为 A（30.01%）、G（19.31%）、C（19.90%）和 T（30.78%）。基因组包含两个反向重复区 IRa 和 IRb（长度为 48 048 bp），且由一个长度为 86 881 bp 的大的单拷贝（LSC）和一个长度为 20 761 bp 的小的单拷贝（SSC）区域分离。基因组有 131 个基因，包含 92 个蛋白质编码基因，31 个转运 RNA（tRNA）基因和 8 个核糖体 RNA（rRNA）基因。

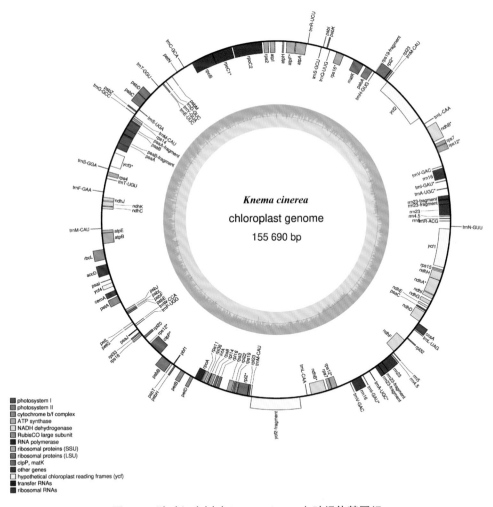

图 5-6　狭叶红光树（*Knema cinerea*）叶绿体基因组

5.3.7 密花红光树（在 GenBank 中的编号 MN683754；图 5-7）

密花红光树叶绿体基因组长度为 155 744 bp，碱基组成为 A（30.02%）、G（19.30%）、C（19.90%）和 T（30.78%）。基因组包含两个反向重复区 IRa 和 IRb（长度为 48 052 bp），且由一个长度为 86 926 bp 的大的单拷贝（LSC）和一个长度为 20 770 bp 的小的单拷贝（SSC）区域分离。基因组有 128 个基因，包含 89 个蛋白质编码基因，31 个转运 RNA（tRNA）基因和 8 个核糖体 RNA（rRNA）基因。

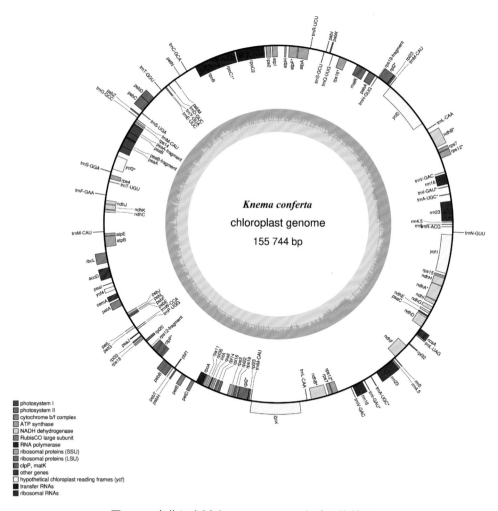

图 5-7　密花红光树（*Knema conferta*）叶绿体基因组

5.3.8　云南肉豆蔻（在 GenBank 中的编号 MK285565；图 5-8）

　　云南肉豆蔻叶绿体基因组长度为 155 923 bp，碱基组成为 A（30.04%）、G（19.28%）、C（19.91%）和 T（30.77%）。基因组包含两个反向重复区 IRa 和 IRb（长度为 48 104 bp），且由一个长度为 87 088 bp 的大的单拷贝（LSC）和一个长度为 20 731 bp 的小的单拷贝（SSC）区域分离。基因组有 124 个基因，包含 85 个蛋白质编码基因，27 个转运 RNA（tRNA）基因和 8 个核糖体 RNA（rRNA）基因。

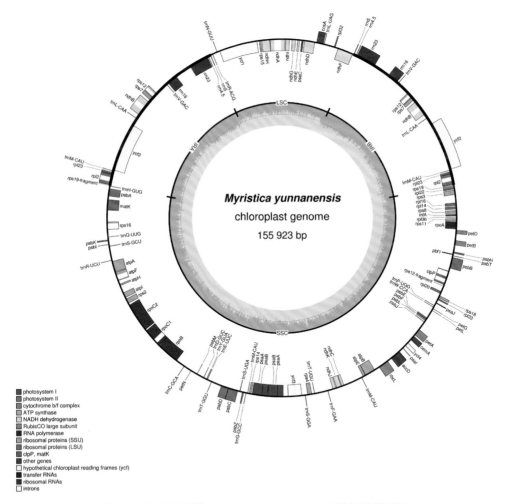

图 5-8　云南肉豆蔻（*Myristica yunnanensis*）叶绿体基因组

5.3.9　大叶风吹楠（在 GenBank 中的编号 MK285562；图 5-9）

　　大叶风吹楠叶绿体基因组长度为 155 655 bp，碱基组成为 A（30.03%）、G（19.52%）、C（19.72%）和 T（30.73%）。基因组包含两个反向重复区 IRa 和 IRb（长度为 48 052 bp），且由一个长度为 86 913 bp 的大的单拷贝（LSC）和一个长度为 20 691 bp 的小的单拷贝（SSC）区域分离。基因组有 123 个基因，包含 85 个蛋白质编码基因，27 个转运 RNA（tRNA）基因和 8 个核糖体 RNA（rRNA）基因。

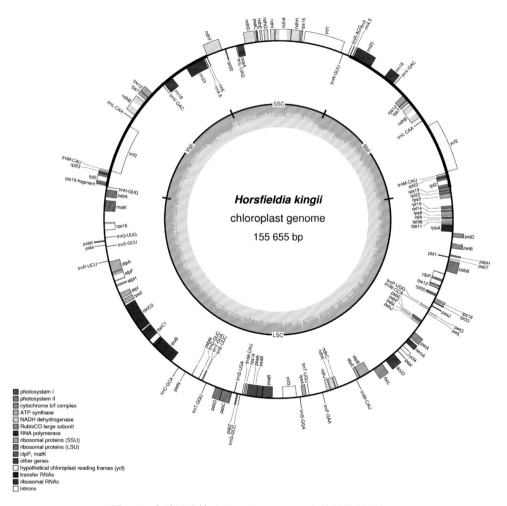

图 5-9　大叶风吹楠（*Horsfieldia kingii*）叶绿体基因组

5.3.10 风吹楠（在 GenBank 中的编号 MK285561；图 5-10）

风吹楠叶绿体基因组长度为 155 683 bp，碱基组成为 A（29.99%）、G（19.32%）、C（19.92%）和 T（30.77%）。基因组包含两个反向重复区 IRa 和 IRb（长度为 37 754 bp），且由一个长度为 86 931 bp 的大的单拷贝（LSC）和一个长度为 30 998 bp 的小的单拷贝（SSC）区域分离。基因组有 124 个基因，包含 86 个蛋白质编码基因，27 个转运 RNA（tRNA）基因和 8 个核糖体 RNA（rRNA）基因。

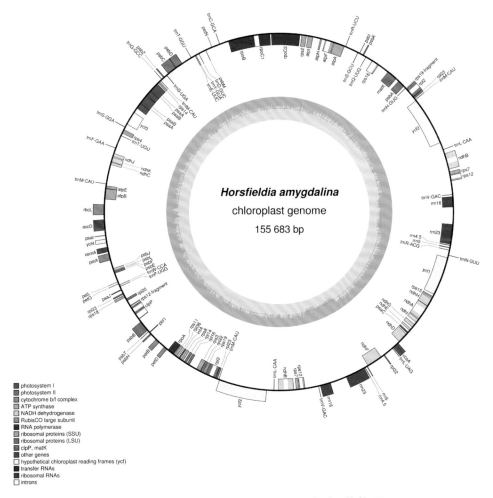

图 5-10　风吹楠（*Horsfieldia amygdalina*）叶绿体基因组

5.4 数据统计

5.4.1 肉豆蔻科10个种的叶绿体基因组特征

这10个种的叶绿体基因组序列长度为154 527 bp（红光树）~155 923 bp（云南肉豆蔻），其有典型的被子植物叶绿体四分结构：即1个小的单拷贝区（SSC）、1个大的单拷贝区（LSC）、1对反向重复区域（IRa和IRb），它们的碱基数分别为15 072~30 998 bp、86 188~92 561 bp以及37 754~48 154 bp。这10个种叶绿体基因组序列的GC含量为39.19%~39.24%，AT含量为60.76%~60.81%，基因数量为121~131个，不同种的CDS、rRNA和tRNA数量不同（表5-2）；在这些基因中有11个基因（*trnQ-UUG*、*rps19*、*psbB*、*trnS-GGA*、*rpoB*、*atpH*、*rps7*、*trnV-GAC*、*ndhH*、*rpl23*和*trnL-CAA*）有1个内含子，而在风吹楠、假广子和云南肉豆蔻中的*rps7*包含2个内含子。

5.4.2 重复分析

串联重复序列（Tandem repeat sequences，TRSs）在基因结构、功能和进化等方面具有重要影响。SSR是一种长度为1~6 bp的串联重复基因序列，在进化生物学和群体遗传学中被广泛用作分子标记。为了探讨肉豆蔻科植物的遗传变化情况，对这10个种的叶绿体基因组序列进行了SSRs和TRSs分析。

进行SSRs分析结果表明，平均鉴定出62个SSRs位点，其中单核苷酸位点45个，二核苷酸位点5个，三核苷酸位点2个，四核苷酸位点8个，五核苷酸位点2个。所有这些物种中，仅在琴叶风吹楠中发现一个六核苷酸（AATAAA）$_3$，其位于*matK~rps16*区域（图5-11A）。

进行TRSs分析结果表明，在所有物种中共检测到38种TRS类型，每个种的TRS为16~24种（图5-11B）。这些重复主要分布在IR区的*ycf2*、*trnV-GAC~rps7*、*trnN-GUU~trnR-ACG*，LSC区的*rps11*、*ndhB*、*petN~psbM*、*atpH~atpI*、*rpoB~trnC-GCA*、*atpB~rbcL*、*trnP-UGG~psaJ*、*psbZ~trnG-GCC*、*rpl20~rps12*、*rpl32~trnL-UAG*、*trnC-GCA~petN*、*trnD-GUC~trnY-GUA*和*trnT-UGU~trnF-GAA*，以及SSC区的*ycf1*、*ycf1~trnN-GUU*、*ndhD~ccsA*、*ccsA~ndhF*、*rpl32~trnL-UAG*基因或基因间区内。其中，最短的串联重复序列TTTATATAA在红光树属中的红光树、大叶红光树、假广子及狭叶红光树中被检测到，而最长的串联重复序列AGAAAAATGGAGACTATTTCTTTTTATTTAT仅在红光树中被检测到（图5-12）。

表 5-2 肉豆蔻科 10 个种的叶绿体基因组序列特征

基因组特征	琴叶风吹楠	红光树	大叶红光树	小叶红光树	假广子	狭叶红光树	密花红光树	云南肉豆蔻	大叶风吹楠	风吹楠
基因组长度	155 695	154 527	155 754	155 726	155 691	155 690	155 744	155 923	155 655	155 683
LSC 长度	92 561	86 188	86 991	86 898	86 883	86 881	86 926	87 088	86 913	86 931
SSC 长度	15 072	20 229	20 683	20 674	20 686	20 761	20 770	20 731	20 691	30 998
IR 长度	48 062	48 110	48 080	48 154	48 122	48 048	48 052	48 104	48 052	37 754
基因数	121	124	128	131	123	131	128	124	123	124
CDS	84	87	89	92	85	92	89	85	85	86
tRNA	26	27	31	31	27	31	31	27	27	27
rRNA	8	8	8	8	8	8	8	8	8	8
GC%	39.21	39.23	39.19	39.22	39.20	39.21	39.20	39.19	39.23	39.24
AT%	60.79	60.77	60.81	60.78	60.80	60.79	60.80	60.81	60.77	60.76

5.4.3　序列变异分析

为了检测叶绿体基因组中蛋白质编码基因（Protein coding genes，PCGs）的选择压力，计算 10 个种 74 个 PCGs 的非同义（dN）替换、同义（dS）替换及其比值（dN/dS）。结果表明在所有 PCGs 中大部分基因的 dN/dS 比值均小于 1，只有 *accD*、*ccsA*、*matK*、*ndhF*、*ndhG*、*psaA*、*ycf1*、*rpoC2*、*ycf2*、*rbcL* 和 *rpoA* 共 11 个基因的 dN/dS 比值大于 1，而在这 11 个 PCGs 中，*psaA* 基因的 dN/dS 比值在大部分物种中均大于 1，而 *rpoA* 基因的 dN/dS 比值仅在肉豆蔻属和红光树属比较组中大于 1（图 5-13），且大多数 PCGs 属于正向选择。所有基因的 dS 值范围为 0.00~0.68，*atpB*、*atpH*、*cemA*、*clpP*、*ndhK*、*petG*、*psaC*、*psbD*、*psbE*、*psbJ*、*psbK*、*psbL*、*psbM*、*psbT*、*rpl2*、*rpl14*、*rpl23*、*rpl33*、*rpl36*、*rps11*、*rps15*、*rps16*、*rps19* 和 *ycf3* 基因显示无非同义（dN）变化。

计算蛋白质编码基因及基因间区的核苷酸多样性值（Nucleotide diversity，Pi）以便了解肉豆蔻科叶绿体基因组中的核苷酸变化情况。结果显示，在编码区中，PCGs 的 Pi 均值为 0.002 79（范围为 0~0.008 86，图 5-14A），共检测到 11 个变异位点（Pi>0.005），分别为：*matK*、*ndhD*、*ndhF*、*ndhG*、*psbL*、*rpl16*、*rpl32*、*rpoA*、*rps3*、*rps19* 和 *ycf1*；在基因间区中，Pi 的均值为 0.006933（范围为 0.00054~0.04744，图 5-14B），总共检测到 18 个变异位点（Pi>0.005），分别为：*accD~psaI*、*atpF~atpH*、*matK~rps16*、*ndhC~trnM-CAU*、*ndhF~rpl32*、*petA~psbJ*、*petN~psbM*、*psbE~petL*、*psbM~trnD-GUC*、*rpl20~rps12*、*rpl32~trnL-UAG*、*rpoB~trnC-GCA*、*rps16~trnQ-UUG*、*trnC-GCA~petN*、*trnE-UUC~trnT-GGU*、*trnN-GUU~trnR-ACG*、*trnT-UGU~trnF-GAA* 和 *ycf3~trnS-GGA*。同时，对 74 个 PCGs 的起始密码子和终止密码子进行统计，发现起始密码子主要为 ATG、GTG、CAA、ACG、CCA、AAT、GGG、AAC，终止密码子为 TGA、TAG、TAA；其中 63 个基因采用 ATG 作为起始密码子。

5.4.4　基因组比较分析

为了研究肉豆蔻科基因组序列的变异情况，基于 mVISTA 软件，将这 10 个种的基因组序列和北美鹅掌楸（*Liridendron tulipifera*）的注释序列进行比对分析。结果表明，在基因组中虽然检测到一定程度的变异，但肉豆蔻科的叶绿体基因组序列还是比较保守，而且 IRs 区比 LSC 区和 SSC 区更加保守，蛋白质编码基因比非编码基因更加保守。在基因间区 *atpH~atpI*、*trnS-GGA~rps4*、*ndhC~trnM-CAU*、*petA~psbJ*、*trnP-UCG~psaJ*、*psbE~petL* 和 *psbH~petB* 及 蛋 白 质 编 码 基 因 *ycf2*、*rpoC1*、*clpP* 和 *rps12* 中具有高水平变异。将对比结果示意图拆分为 7 个部分，按顺序排列为图 5-15（1）至图 5-15（7）。

肉豆蔻科 10 个种的 IRs 区、LSC 区和 SSC 区的边界比较如图 5-16 所示。比较结果表明，大部分物种在 IRs 区、LSC 区和 SSC 区的边界均表现出一些核苷酸数量的变化。除了琴叶风吹楠外，所研究的其余肉豆蔻科物种都具有相同的基因边界：*rpl22* 和 *trnH* 基因位于 LSC 区，*ndhF* 和 *trnR* 基因位于 SSC 区，*rps19* 和 *rrn5* 基因位于 IR 区。对于琴叶风吹楠，*trnH* 基因位于 IR 区，而 *rps19* 基因仅位于 LSC/IRs 边界，*ycf1* 基因仅位于 IRb/SSC 边界。

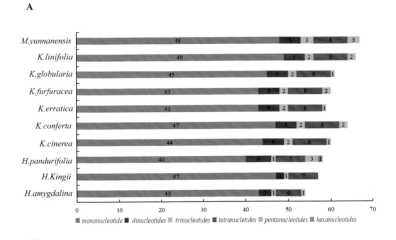

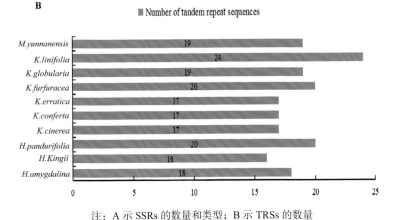

注：A 示 SSRs 的数量和类型；B 示 TRSs 的数量

图 5-11　肉豆蔻科 10 个种叶绿体基因组中重复序列的类型和数量

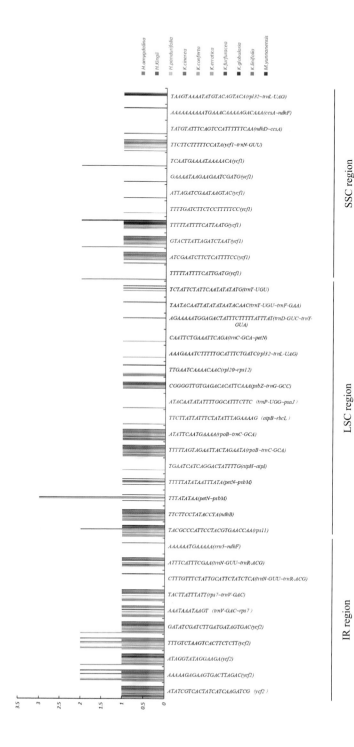

图 5-12　肉豆蔻科 10 个种的串联重复序列和每个物种的重复次数

注：括号内的基因或基因间区域表示串联重复序列的位置；纵坐标表示重复的次数

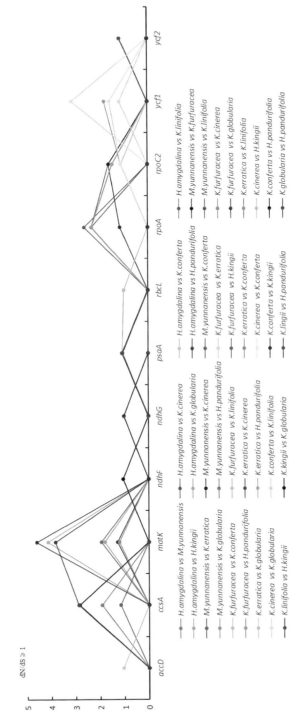

图 5-13 肉豆蔻科 10 个种的叶绿体基因组中的 dN/dS>1 的基因

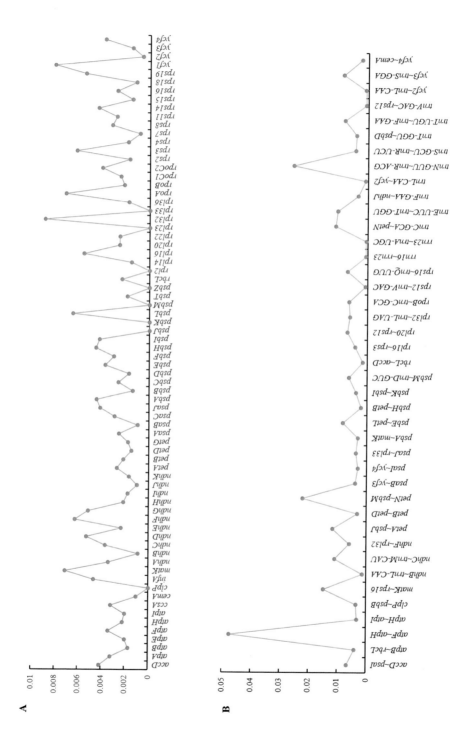

注：A 示蛋白质编码基因的 Pi；B 示基因间区的 Pi

图 5-14 肉豆蔻科 10 个种的叶绿体基因组的核苷酸多样性（Pi）

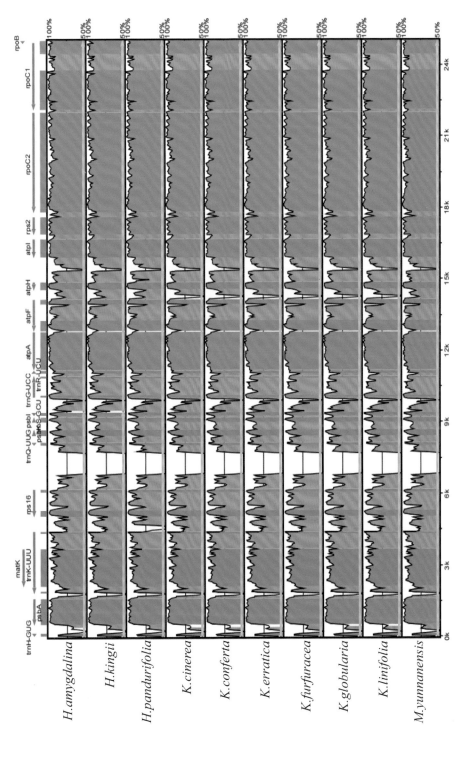

图 5-15 （1）以北美鹅掌楸作为注释序列，对肉豆蔻科 10 个种进行的叶绿体基因组序列比对

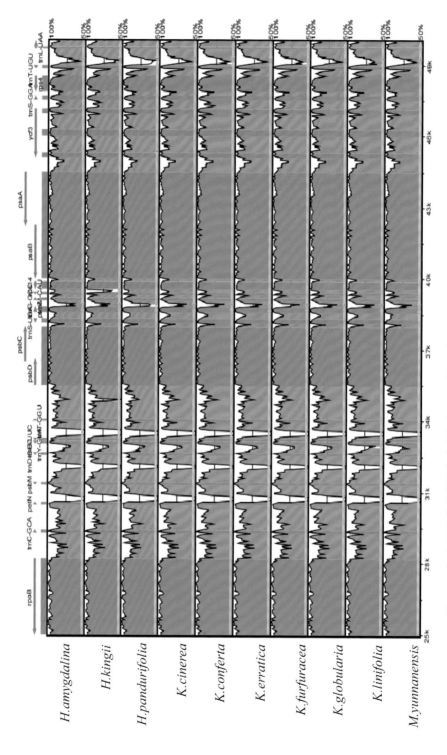

图 5-15 （2）以北美鹅掌楸作为注释序列，对肉豆蔻科 10 个种进行的叶绿体基因组序列比对

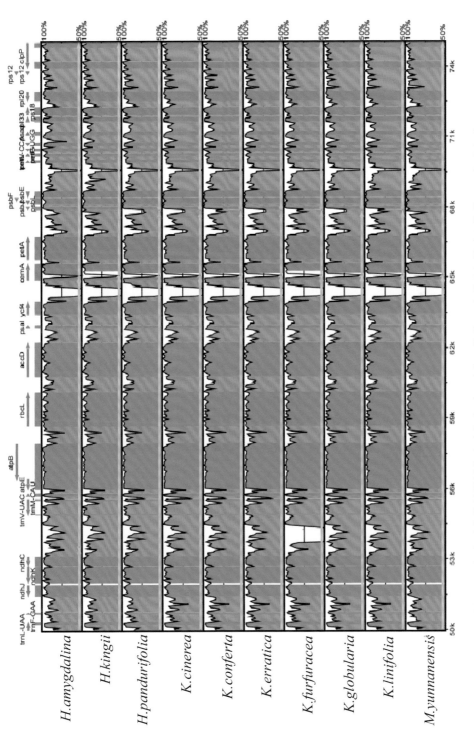

图 5-15 （3）以北美鹅掌楸作为注释序列，对肉豆蔻科 10 个种进行的叶绿体基因组序列比对

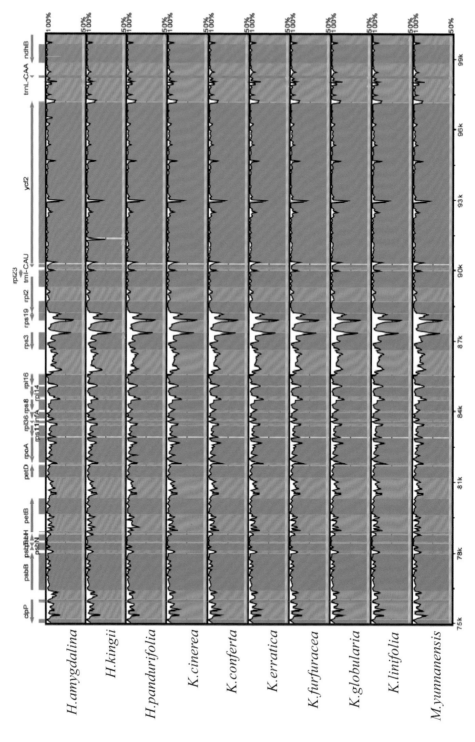

图 5-15 （4）以北美鹅掌楸作为注释序列，对肉豆蔻科 10 个种进行的叶绿体基因组序列比对

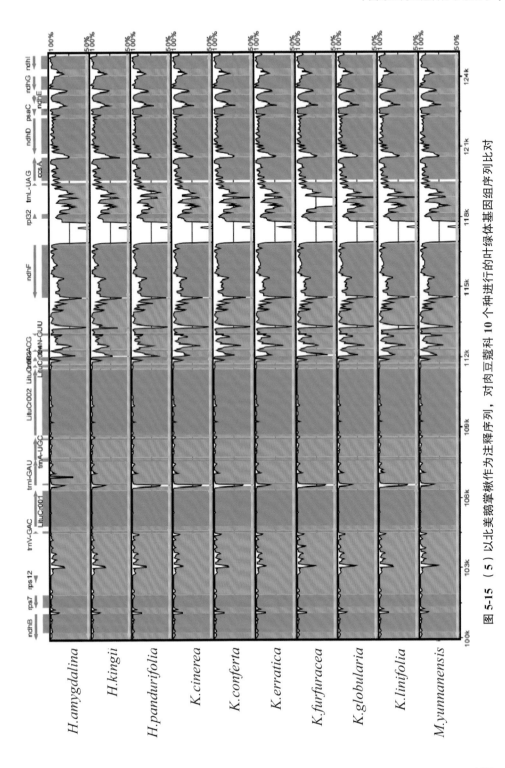

图 5-15 （5）以北美鹅掌楸作为注释序列，对肉豆蔻科 10 个种进行的叶绿体基因组序列比对

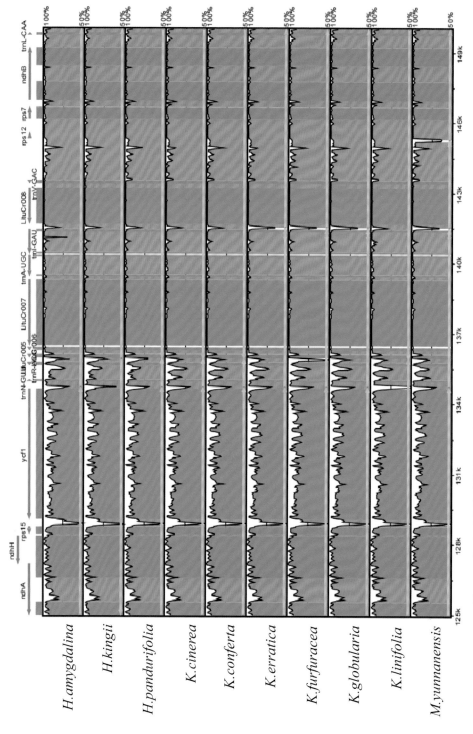

图 5-15 （6）以北美鹅掌楸作为注释序列，对肉豆蔻科 10 个种进行的叶绿体基因组序列比对

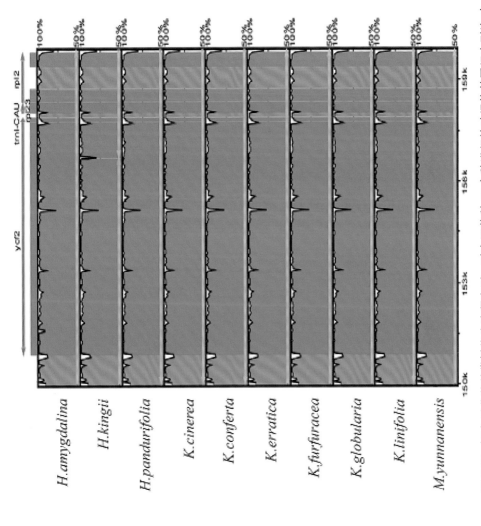

图 5-15 （7）以北美鹅掌楸作为注释序列，对肉豆蔻科 10 个种进行的叶绿体基因组序列比对

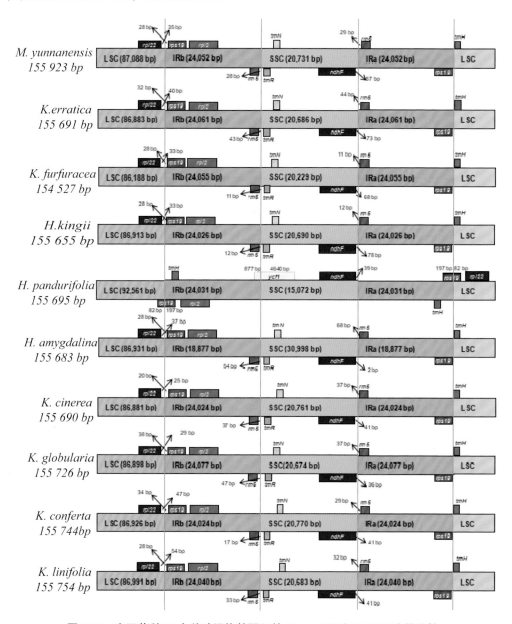

图 5-16 肉豆蔻科 10 个种叶绿体基因组的 IRs、SSC 和 LSC 区边界比较

5.4.5 分子系统树构建

　　基于叶绿体基因组数据，以北美鹅掌楸为外类群，分别用最大似然法（ML）、最大简约法（MP）和贝叶斯法（BI）构建了肉豆蔻科系统树（图 5-17 至图 5-19）。

红光树属的 6 个种聚为一小枝，再与云南肉豆蔻聚为一大枝，与风吹楠属形成姊妹群；琴叶风吹楠却从基部就分开了。这 3 种方法一致的结果表明：琴叶风吹楠明显区别于风吹楠属其他种，应从风吹楠属中分出来另建一属；红光树属与肉豆蔻属相近；红光树和大叶红光树遗传相似度高；假广子和狭叶红光树遗传相似度高。在本书第 3 章中将大叶红光树与红光树合并，以及将狭叶红光树与假广子合并的处理得到叶绿体基因组数据的支持。蔡超男的叶绿体基因组分析结果既支持海南风吹楠、滇南风吹楠和大叶风吹楠合并，也支持琴叶风吹楠从风吹楠属中分出来另一属的处理（Cai，2021a，2021b，2022）。

为了获得更全面的肉豆蔻科各个种的系统发育关系，从 GenBank 下载已报道的 16 个叶绿体基因组（序列号为：MN486685、MN486686、MN495958–MN495971）数据，与本研究的 10 个种叶绿体基因组数据一起利用最大似然法（ML）和贝叶斯法（BI）以北美鹅掌楸为外类群构建系统树。结果表明：两种方法构建的系统树具有良好一致性，属间区分均得到了 MP=100 和 PP=1.0 的支持率（图 5-20），支持将琴叶风吹楠从风吹楠属中分出来另建一属；肉豆蔻属与红光树属相近；假广子和狭叶红光树遗传相似度高。

Sauquet（2003）对肉豆蔻科 21 个属构建的系统树显示，风吹楠属、红光树属、肉豆蔻属亲缘关系较近，而与内毛楠属相距较远。本研究结果与此具有良好一致性。结合我国野生分布种类的形态学分析，雌雄同株异花是内毛楠属的重要特征，在群体内普遍如此；风吹楠属、红光树属、肉豆蔻属表现为雌雄异株，虽然我们在群体内发现了雌雄同株异花的现象，但也仅是极少数单株在偶然的情况下发生，推测这些偶然的"雌雄同株"是特殊条件下的"返祖"现象。我们没有观察授粉的过程，也不清楚雄株对种群发展有什么贡献。在群体内，有些雌株属于散生单株，却结实很多；引种保存的雌株（唯一单株），周围直线距离几千米内并无其他植株，依然果实累累，推测可能是单性结实。综合分析，可能雌雄同株是原始的类群，后来演化出雌雄异株类群。

需要说明的是，加入 16 个叶绿体基因组数据后的系统树（图 5-20）显示大叶红光树与红光树的遗传差异变大了，反而与密花红光树和小叶红光树相近了，这个问题有待进一步增加样品数量，再深入研究。

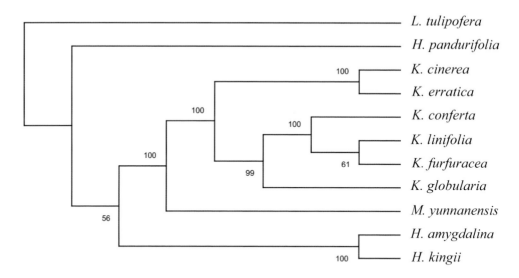

图 5-17　用 ML 法构建的肉豆蔻科 10 个种的系统树

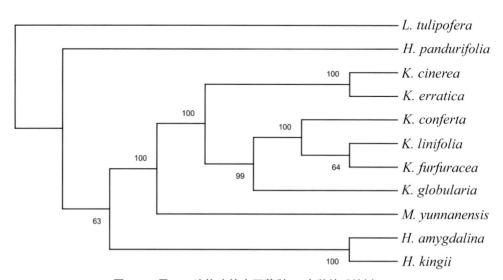

图 5-18　用 MP 法构建的肉豆蔻科 10 个种的系统树

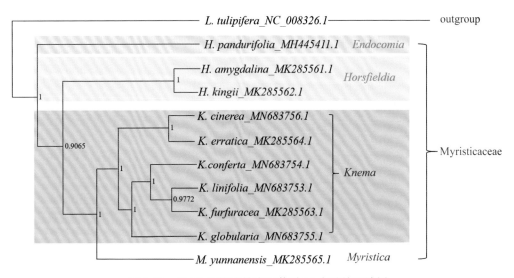

图 5-19　用 BI 法构建的肉豆蔻科 10 个种的系统树

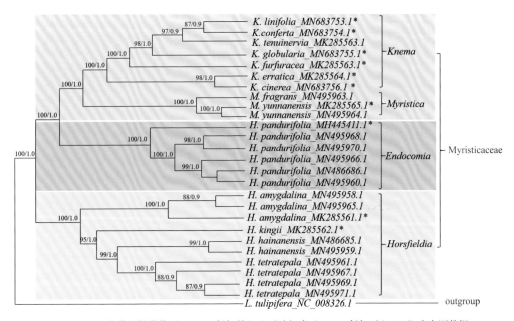

注：分枝上的数值为靴带值（>50%，斜杠前）和后验概率（>0.5，斜杠后）；"*"为自测数据。

图 5-20　基于 BI 和 ML 方法构建的肉豆蔻科系统树

5.5　小结

　　根据叶绿体基因组数据分析结果，应将琴叶风吹楠从风吹楠属中分出来另建一属，即支持 de Wilde 的处理，建立内毛楠属（*Endocomia*）；澜沧江流域的红光树与南滚河流域的大叶红光树遗传相似度高，支持合并；勐海西定的假广子与勐腊勐仑（植物园）的狭叶红光树相似度高，支持合并。

　　本课题组从景洪采集大叶风吹楠的样品测序分析，从 GenBank 下载了滇南风吹楠和海南风吹楠数据。图 5-20 显示，这 3 个种聚为一枝，与风吹楠构成姊妹群，进一步支持将海南风吹楠（*H. hainanensis*）和滇南风吹楠（*H. tetratepala*）并入大叶风吹楠（*H. kingii*）的处理（Wu，2008；吴裕，2019；Cai，2021a；Mao，2023）。

参考文献

吴裕，段安安，毛常丽，等，2019. 特殊油料树种琴叶风吹楠遗传多样性及分类学位置 [M]. 北京：中国农业科学技术出版社.

云南省植物研究所，1977. 云南植物志（第一卷）[M]. 北京：科学出版社.

中国科学院中国植物志编辑委员会，1979. 中国植物志（第三十卷第二分册）[M]. 北京：科学出版社.

周荣汉，段金廒，2005. 植物化学分类学 [M]. 上海：科学技术出版社：214.

Cai C N, Ma H, Ci X Q, *et al*., 2021a. Comparative phylogenetic analyses of Chinese *Horsfieldia* (Myristicaceae) using complete chloroplast genome sequences[J]. Journal of Systematics and Evolution, 59(3): 504-514.(doi:10.1111/jse.12556)

Cai C N, Xiao J H, Ci X Q, *et al*., 2021b. Genetic diversity of *Horsfieldia tetratepala* (Myristicaceae), an endangered plant species with extremely small populations to China: implications for its conservation[J]. Plant Systematics and Evolution, 307(4): 50. (doi.org/10.1007/s00606-021-01774-z)

Cai C N, Zhang X Y, Zha J J, *et al*., 2022. Predicting climate change impacts on the rare and endangered *Horsfieldia tetratepala* in China. Forests, 13(7): 1051 (doi.org/10.3390/f13071051).

Mao Changli, Zhang Fengliang, Li Xiaoqin, *et al*., 2023. Complete chloroplast genome sequences of Myristicaceae species with the comparative chloroplast genomics and phylogenetic relationships among them[J]. PLOS ONE (doi.org/10.1371/journal.pone.0281042).

Sauquet H, 2003. Androecium diversity and evolution in Myristicaceae (Magnoliales), with a description of a new Malagasy genus, Doyleanthus Gen. Nov.[J]. American Journal of Botany, 90 (9): 1293-1305.

Wu Z Y, Raven P H, Hong D Y, 2008. Flora of China (Vol. 7) [M].BeiJing: Science Press: 96-101.

第6章

中国野生肉豆蔻科化学分类
——基于种子油脂肪酸组成

6.1 引言

植物化学分类学（plant chemotaxonomy）是植物分类学与植物化学的交叉学科，彼此相互渗透、相互补充、相互借鉴，因为一般认为亲缘关系较近的类群具有较相似的化学成分。借助分类学知识，可以更有效地寻找新药物、新原料、新资源等等，直接为生产提供指导；反过来，这些化学物质的结构和组成可为分类学的研究提供证据，化学成分在群体内和群体间的变异式样可协助解决一些经典分类学难以解决的问题。

但是，植物的系统发育与类群间化学成分的关系错综复杂，往往形态相似的物种或者亲缘关系相近的物种，它们的化学成分却差异甚大；具有相似药效或者相似药用成分的物种，也可能亲缘关系甚远。无论"相似"或是"相异"，在中草药、油料作物、粮食作物中都可以找到充足的证据。植物类群在演化过程中由于自身遗传变异和外界环境因素的共同作用，既有趋同演化也有趋异演化。为了适应一定的环境，可能某些有利的形态变异在群体内得到积累，某些有利的化学成分变异也可能得到积累，但是形态特征的演变与化学成分的演变很可能缺乏平行性或者同步性。这就使得化学分类的结果与形态分类的结果可能一致，或者无关，甚至可能明显相悖。

不管怎么说，形态结构、化学成分、生理特征等都属于性状表现，都是遗传因素与环境因素共同作用的结果，都有一定分类学价值。本章根据前期研究积累，将零散的数据进行系统整理，按《中国植物志》（1979）记录，以种为单位进行数据比较，物种名称对应于表6-1。

表 6-1 肉豆蔻科种仁含油率测定数据

本书名称	中国植物志名称
云南内毛楠 *Endocomia macrocoma* ssp. *prainii*	琴叶风吹楠 *Horsfieldia pandurifolia*
红光树 *Knema tenuinervia*	红光树 *K. furfuracea*
假广子 *Knema erratica*	假广子 *K. erratica*
云南肉豆蔻 *Myristica yunnanensis*	云南肉豆蔻 *M. yunnanensis*
大叶风吹楠 *Horsfieldia kingii*	大叶风吹楠 *H. kingii*
风吹楠 *Horsfieldia amygdatina*	风吹楠 *H. glabra*

6.2 研究方法

在前几年的油脂测定工作中，考虑环境差异和种子成熟度差异对成分的影响，所以测定了琴叶风吹楠同一植株的种子在不同成熟度间，不同年际间，不同贮存时长间的差异。结果表明，大约在种子成熟的最后一个月时间内是油脂积累的主要时期，一方面表现为含油率迅速升高，另一方面表现为十四烷酸（主要成分）的相对百分数增加；在种子成熟过程中十四碳烯酸不断向十四烷酸转化；不同年际间由于天气差异，十四碳烯酸转化为十四烷酸的程度也不同，表现为十四碳烯酸和十四烷酸相对百分数此消彼长而总量比较稳定；干种子在常温下贮存 8 年，含油率下降，脂肪酸相对百分数变化甚微。同一居群内部单株间的含油率和脂肪酸组成存在一定差异；居群间含油率差异较大，但脂肪酸组成差异甚小。

另外，对风吹楠和大叶风吹楠贮存 5 年后测定，脂肪酸组成相似；以乙醚、30~60℃沸程的石油醚、60~90℃沸程的石油醚为溶剂对云南肉豆蔻和风吹楠同株树的同一批种子进行油脂提取，得到的含油率和脂肪酸组成相同；调查中，琴叶风吹楠种群数量较大，实现了居群采样，其他种因种群数量较小，样品数量有限。

综合上述经验，中国野生肉豆蔻科植物成熟种子的脂肪酸组成在种内具有良好的稳定性，作为化学分类性状应该具有良好的可靠性。所以，以种为单位分植株记录，每个单株的成熟种子为一个分析样品；种子采收后，及时用烘箱 36℃恒温鼓风干燥；短期保存，及时测定。

6.3 油脂颜色比较

所得油脂在常温下为松软的固体至膏状体，稍微升温即融化，种内存在株间变异；油脂颜色在种内也存在株间变异。其中，红光树和假广子的种内（同一居群）

变异较大，为棕褐色到黑褐色的变异，种内变异大于种间变异（图 6-1；图 6-2）；风吹楠和大叶风吹楠的颜色相同，种内变异大于种间变异，为棕红色（图 6-3）；琴叶风吹楠 39 株树的种子共 50 个样品的油脂颜色为白色至极淡的黄色，变异小，基本上可以判为白色（图 6-4）；云南肉豆蔻的变异最小，表现为淡淡的黄色（图6-5），郑国平等（2013）提取的肉豆蔻种子油也为黄色。以琴叶风吹楠为参照，对其他几个种进行比较（图 6-6 至图 6-8）。

图 6-1　红光树油脂颜色变异

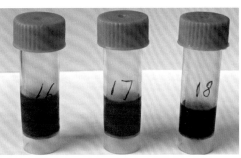

图 6-2　假广子油脂颜色变异

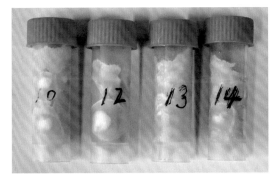

图 6-3　风吹楠油脂颜色变异

图 6-4　琴叶风吹楠油脂颜色变异

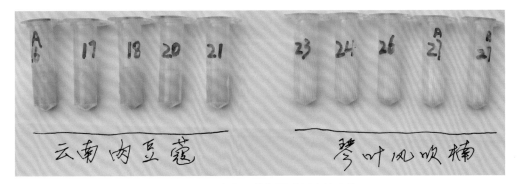

图 6-5　云南肉豆蔻与琴叶风吹楠比较

图 6-6　大叶风吹楠与琴叶风吹楠比较

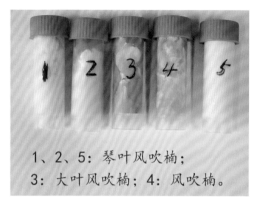

1、2、5：琴叶风吹楠；
3：大叶风吹楠；4：风吹楠。

图 6-7　琴叶风吹楠等 3 个种的比较

图 6-8　琴叶风吹楠与大叶风吹楠的比较

比较结果表明，针对中国野生的这些种，同属内种间油脂颜色具有良好一致性，即红光树属为褐色；风吹楠属为棕红色；肉豆蔻属为淡淡的黄色；琴叶风吹楠为白色，是一个特殊的类群。

通过溶剂法提取的油脂可能掺杂了一些脂溶性的其他物质，但是本研究中没有对这些杂质进行鉴定，可能掺杂的物质是导致油脂颜色种内变异的原因之一。

6.4 种仁含油率的比较

郑国平等（2013）以乙醚为溶剂，使用索氏提取法和超声波提取法提取肉豆蔻种仁油脂，所得油脂颜色相同，油脂得率略有差异，可忽略不计。薛宝金等（2012）使用乙醚、氯仿、正己烷－异丙醇（$V/V=3∶2$）提取风吹楠种子油，发现乙醚提取的油脂得率明显高于其他两种溶剂的。使用不同的溶剂、不同处理方法、不同提取时长、不同液料比例等都会导致"油脂得率"差异，一种可能是油脂提取完全程度不同，另一种可能是有些脂溶性的杂质混入其中。前面已述及，以乙醚、30~60℃沸程和60~90℃沸程的石油醚为溶剂提取的结果差不多。将数据统计于表6-2，琴叶风吹楠共采集 39 株树的种子，分布于勐腊、景洪、勐海、澜沧、双江等地，种仁含油率株间变幅为 52.48%~71.09%；风吹楠和大叶风吹楠共 9 株树的种仁含油率为 40.97%~71.97%；红光树属的 3 个种 8 株树为 19.20%~37.33%；云南肉豆蔻 20 株树为 6.37%~15.83%。

比较结果表明，针对中国野生的这些种，云南肉豆蔻种仁含油率最低；红光树属的处于中等水平；风吹楠属和琴叶风吹楠是高含油类型。

表 6-2　肉豆蔻科种仁含油率测定数据

种名	株数（株）	种仁含油率变幅（%）	平均含油率（%）
琴叶风吹楠	39	52.48~71.09	62.58
红光树	4	27.10~37.33	32.72
假广子	3	22.31~29.19	26.59
小叶红光树	1	19.20	19.20
云南肉豆蔻	20	6.37~15.83	11.47
风吹楠	4	40.97~61.99	49.46
大叶风吹楠	5	51.44~71.97	61.24

6.5　脂肪酸成分的比较

根据周荣汉等（2005）在《植物化学分类学》一书中记录的特征性化学成分（characteristic chemical constituents）的概念，特征性成分应具有稳定性（stability）、专属性（specificity）、间断性（discontinuity）与局限性（limitation）、性状的整体性（integrality）和差异的相关性（correlative differences）。将本课题组测定的数据整理于表 6-3 中。琴叶风吹楠十四烷酸相对含量为 60.93%~76.58%，十四碳烯酸为 15.60%~27.21%，两者之和为 88.14%~92.82%；风吹楠属 4 个种（风吹楠、大叶风吹楠、滇南风吹楠、海南风吹楠）十四烷酸为 38.53%~55.30%，十二烷酸为 35.68%~52.12%，两者之和为 88.27%~93.19%；红光树属的十四烷酸为 18.74%~58.64%，十八碳烯酸为 30.05%~59.12%，十六烷酸为 5.42%~16.47%，三者之和为 90.85%~95.24%；云南肉豆蔻的十四烷酸为 53.58%~62.52%，十八碳烯酸为 15.04%~19.06%，文献记录肉豆蔻的十四烷酸为 80% 以上，其次为十六烷酸和

表 6-3　中国野生肉豆蔻科植物种子的脂肪酸相对百分数　（%）

脂肪酸	红光树	假广子	小叶红光树	大叶风吹楠	滇南风吹楠	海南风吹楠	风吹楠	琴叶风吹楠	云南肉豆蔻
辛酸	—	—	—	0.28~0.36	0.88~1.08	0.01	0.01~0.03	×	—
癸酸	×	×	—	1.36~1.46	1.19~1.36	1.41	0.50~0.67	0.01~0.03	—
十二碳烯酸	×	×	—	×	×	×	×	0.01~0.07	×
十二烷酸	0.25~0.04	0.44~3.75	0.24	35.68~41.25	50.27~50.31	46.88	43.64~52.12	0.44~0.93	0.87~1.39
十三碳烯酸	×	×	—	×	×	×	×	0.04~0.09	×
十三烷酸	0.01~0.03	0.01~0.04	╲	0.22~0.47	0.17~0.23	0.16	0.18~0.24	0.01~0.11	0.07~0.09
十四碳烯酸	0.05~0.09	╲	0.68	0.14~0.20	0.11~0.11	0.07	0.06~0.35	15.60~27.21	×
十四烷酸	49.46~58.64	18.74~30.95	24.09	50.80~55.30	42.02~42.88	41.39	38.53~45.67	60.93~76.58	53.58~62.52
十五烷酸	0.04~0.05	0.01~0.06	0.01	×	×	×	×	0.02~0.04	0.06~0.09
十六碳烯酸	0.13~0.22	0.32~0.48	0.57	0.04~0.05	0.06~0.08	0.09	0.02~0.14	0.18~0.31	0.12~0.30
十六烷酸	5.42~7.41	10.60~16.47	11.71	2.22~2.99	2.08~2.68	4.48	3.09~4.16	1.95~2.83	10.79~14.07
十七烷酸	—	╲	—	—	—	—	—	╲	0.05~0.07
十八碳二烯酸	0.66~1.25	1.26~1.58	2.53	0.50~0.54	0.52~0.79	1.27	0.50~0.99	0.83~1.78	4.18~6.36
十八碳烯酸	30.05~36.95	47.82~59.12	55.37	1.69~1.82	1.47~1.56	3.11	1.77~3.53	2.51~5.55	15.04~19.06
十八烷酸	0.99~1.21	0.81~1.26	0.74	0.24~0.35	0.21~0.30	0.52	0.19~0.36	0.10~0.50	1.40~2.26
二十碳烯酸	1.47~2.43	0.55~0.72	1.00	0.02~0.23	0.02~0.02	0.05	0.03~0.06	0.15~0.81	0.28~0.45
二十烷酸	0.14~0.24	0.05~0.07	0.06	0.01~0.05	0.01~0.01	0.03	0.02~0.02	0.01~0.14	0.12~0.20
二十二烷酸	0.07~0.09	╲	0.02	0.01~0.03	0.02~0.08	0.04	0.02~0.04	0.01~0.06	0.06~0.09
二十四烷酸	0.10~0.12	0.08~0.11	0.19	0.03~0.07	0.04~0.06	0.05	0.03~0.07	0.01~0.06	0.07~0.13
2-辛基环丙基辛酸	0.06~0.08	—	—	×	×	×	×	×	—
9-苯基壬酸	×	×	×	0.05~0.41	0.12~0.27		0.12~0.12	╲	╲
9-环丙壬酸	×	×	×	×	×	—	×	╲	—
合计	97.34~99.43	98.24~99.31	97.21	99.88~99.95	99.97~99.99	99.56	99.41~99.99	99.35~100.00	91.95~99.91

注："—"表示仪器未检测到，未深究，存疑，判为"有"；"×"表示仪器未检测到，人工比对未发现，判为"无"。"╲"表示含量甚微，判为"有"。

十八碳烯酸（贾天柱，1995；郑国平，2013）。各个属中几种脂肪酸的相对含量相关，形成稳定的组合，也就是差异的相关性，属内高度一致，属间区别明显。

关于特异脂肪酸的专属性，本研究共鉴定清楚3种特异脂肪酸（表6-4）。其中，2-辛基环丙基辛酸在红光树属中检测到，其他属种未发现；9-苯基壬酸在红光树属中未发现，其他几个属种都有，而且贾天柱（1995）和郑国平（2013）测定的肉豆蔻种子中也有；9-环丙壬酸只在琴叶风吹楠中发现。

表 6-4　鉴定清楚的 3 种特异脂肪酸

脂肪酸名称	结构式
2-辛基环丙基辛酸	2-辛基环丙基辛酸
9-苯基壬酸	9-苯基壬酸
9-环丙壬酸	9-环丙壬酸

特征性成分是指植物化学成分中具有分类学或系统学意义的成分，它们是某些植物类群的专属，或分布的间断与存在的局限（周荣汉等，2005）。所谓特征性只能从分类学角度去理解，不涉及含量的多少，即它们可能是大量的，也可能是痕量的（周荣汉等，2005），从理论上可理解为"有与无"的关系。根据表6-3可知，已经定量的样品判为"有"，未定量的样品不能判为"无"；经过多次检测，或者根据同一批样品的 GC/MS 峰图进行人工比对，只要发现微小的峰即判为"有"，否则判为"无"。比对的结果表明，辛酸仅在风吹楠、大叶风吹楠、滇南风吹楠、海南风吹楠中发现；十二碳烯酸和十三碳烯酸仅在琴叶风吹楠中发现；十五烷酸在风吹楠、大叶风吹楠、滇南风吹楠、海南风吹楠中未发现，而其他几个种都已定量；十七烷酸在红光树属中未发现，其他都有。这里要说明的是，琴叶风吹楠在种子成熟过程中十四碳烯酸不断向十四烷酸转化，所以油脂中或多或少总有十四碳烯酸存在；郑国平等（2013）测定肉豆蔻的十四烷酸（肉豆蔻酸，$C_{14}H_{28}O_2$）占80%以上，未检测到十四碳烯酸；本研究中云南肉豆蔻20个样品的十四烷酸为53.58%~62.52%，也没有检测到十四碳烯酸；推测云南肉豆蔻合成十四烷酸的途径与琴叶风吹楠的不同。

从大量脂肪酸相对含量组合差异相关性和特异脂肪酸专属性看，琴叶风吹楠明显区别于风吹楠属的其他几个种，也明显区别于其他属。支持将琴叶风吹楠从风吹楠属中分出来另建一属，中国野生 4 个属的属间差异明显，属内种间具有良好一致性。

6.6　小结

根据种仁油的性状特征支持将琴叶风吹楠从风吹楠属中分出来另建一属，即支持本书第 3 章的处理；依据种仁油脂化学分类方法，可有效进行属间区分，但在属下分种贡献不大。

关于"痕量"的问题，在理论上很容易理解，但在实践中却很难操作。如果含量太低，可能仪器检测不到。所以就可能导致某些样品判为"有"，某些样品判为"无"，即使同一家系的个体（样品）也可能会被分为两组，这显然违背了建立"痕量"概念的初衷。

物种以变异的居群（population）形式存在，居群不是若干个体的简单相加，每一个个体（标本、样品）都只是居群中的一个抽样，具有一定偶然性，所以在依据化学成分的"痕量"来开展种类比较时一定要重视居群性状（population characters），重视统计学方法。

本研究发现了一些含量较低的脂肪酸，没有定量，也没有鉴定清楚其结构特征，是否有分类学价值，有待进一步研究。

参考文献

贾天柱，李军，田丰，1995. 肉豆蔻和肉豆蔻衣及其炮制品中脂肪酸成分分析 [J]. 中药材，18（11）：564-565.

薛宝金，方真，2012. 风吹楠种子油萃取工艺研究及其脂肪酸成分分析 [J]. 天然产物研究与开发，24：110-113.

云南省植物研究所，1977. 云南植物志（第一卷）[M]. 北京：科学出版社：8-13.

郑国平，李东星，2013. 肉豆蔻和肉豆蔻衣脂肪酸成分的比较研究 [J]. 石河子科技，（4）：16-18.

中国植物志编辑委员会，1979. 中国植物志（第三十卷）[M]. 北京：科学出版社：194-205.

周荣汉，段金廒，2005. 植物化学分类学 [M]. 上海：上海科学技术出版社 .

第**7**章

光合生理特征的比较

7.1 引言

植物的叶片性状可划分为功能型性状和结构型性状两大类。功能性状如叶片结构及与植物碳的同化等与生长代谢密切相关的性状，它随时间和空间的变化复杂多变，这些性状之间的协同变化关系使得植物的叶片在一定的环境条件下能以最小的资源投入获得最大的碳同化能力；结构型性状主要包括叶片大小、比叶面积（叶片面积与叶片干物质质量的比值）、叶片干物质含量及叶厚等，其中比叶面积是最重要的结构性状之一。光合作用不仅能反映植物在不同光环境下的存活和生长，还能说明植物对长期环境变化的适应能力。植物叶片结构特征和光合生理共同体现了植物的生长策略和对资源的利用能力，是植物与环境长期互作的结果。

本研究从云南分布区内采集 4 个种的种子，播种育苗，对其 1~2 年生苗木的光合特征进行测定和比较分析。

7.2 材料

根据多年资源调查掌握的植株分布情况，从澜沧江流域、南滚河流域、大盈江流域采集成熟种子，按株行距 60 cm × 80 cm 直接播种于云南省热带作物科学研究所苗圃地内，按常规育苗管理，苗木生长良好。各种测定都选择 2 年生左右苗木进行。苗圃地地理坐标为东经 100°46′~100°48′，北纬 21°59′~22°01′，海拔约 550 m，年平均气温 18.6~21.9℃，最冷月份平均气温 15.6℃，最热月份平均气温 25.2℃，年平均降水量约 1 200 mm，土壤为酸性红土，pH 值 4.5~5.5，适合肉豆蔻科植物正常生长。树种名称列于表7-1。

表 7-1　采样的物种名称对照表

本书名称	中国植物志
云南内毛楠 *Endocomia macrocoma* ssp. *prainii*	琴叶风吹楠 *Horsfieldia pandurifolia*
风吹楠 *Horsfieldia amygdatina*	风吹楠 *H. glabra*
大叶风吹楠 *Horsfieldia kingii*	大叶风吹楠 *H. kingii*
红光树 *Knema tenuinervia*	红光树 *K. furfuracea*

7.3　肉豆蔻科 4 个种的光合生理特征比较

7.3.1　叶片光合生理测定方法

叶片气体交换参数测定：于 2017 年 8 月下旬，选择晴朗无风的天气，利用 LCpro-SD 便携式光合测定仪（ADC Bioscientific Ltd.，英国）进行植株叶片气体交换参数测定，时间为上午 9:30—11:00，测定过程中全程使用自然光，将光合有效辐射控制在 1 000 μmol/（m²·s），叶温设定 30 ℃，CO_2 浓度为 400 μmol/m²，相对湿度为 75 %。每个树种标记 3 个单株，选择向阳面主干中部一级侧枝中部叶片，每株选择 5 片健康功能叶进行测定，数据稳定后读数。气体交换参数测定指标主要包括净光和速率（P_n）、胞间 CO_2 浓度（C_i）、气孔导度（G_s）及蒸腾速率（T_r）等。叶片瞬时水分利用效率（WUE_i），用净光合速率与蒸腾速率之比来表示。

光响应曲线测定：于 2017 年 8 月下旬，利用 LCpro-SD 便携式光合测定仪配套的 LED 红蓝光源叶室，在晴朗无风时，对 4 种苗木的光响应曲线进行测定，测定时间为 9:30—11:00。设定 CO_2 浓度以当地环境 CO_2 浓度为基准，气体流速控制在（500 ± 0.1）μmol/s，样品室叶片温度控制在（30 ± 3）℃，光合有效辐射（PAR）梯度设置为 1 800 μmol/(m²·s)、1 600 μmol/(m²·s)、1 400 μmol/(m²·s)、1 200 μmol/(m²·s)、1 000 μmol/(m²·s)、800 μmol/(m²·s)、600 μmol/(m²·s)、400 μmol/(m²·s)、200 μmol/(m²·s)、100 μmol/(m²·s)、50 μmol/（m²·s），每个光强下稳定 2 min 后记录数据，重复 3 次。

利用叶子飘（2010）报道的双曲线修正模型进行 4 种植物光合—光响应曲线拟合，得出相应的光补偿点（LCP）、光饱和点（LSP）、最大净光合速率（$P_{n\,max}$）、暗呼吸速率（R_d）、表观量子效率（AQY）及决定系数（R^2）。

7.3.2　叶片的气体交换参数比较

统计 4 个种的叶片气体交换参数特征值于表 7-2。这 4 个树种的 P_n、T_r、G_s 和 C_i 值达到极显著（$P<0.01$）差异，瞬时水分利用效率（WUE_i）值达显著（$P<0.05$）差异。大叶风吹楠的净光合速率（P_n）极显著（$P<0.01$）高于其他 3 个种，达到 8.35 μmol/(m²·s)；琴叶风吹楠和风吹楠相当，其值分别为 7.71 μmol/(m²·s) 和 7.35 μmol/(m²·s)；红光树最小，为 6.88 μmol/(m²·s)。红光树的蒸腾速率（T_r）显著（$P<0.05$）小于其他 3 个种的，而其他 3 个种的值相当。结果，按净光合速率与蒸腾速率之比值来表示的瞬时水分利用效率（WUE_i），红光树的显著（$P<0.05$）高于其他 3 个种的。气孔导度（G_s）值表现为琴叶风吹楠最大，风吹楠和大叶风吹楠相当，红光树最小，与净光合速率（P_n）的基本一致；胞间 CO_2 浓度（C_i）变化与净光合速率（P_n）趋势基本相反，红光树的极显著（$P<0.01$）大于其他 3 个种的。

表 7-2　叶片气体交换参数统计

树种称名	净光合速率（P_n）μmol/(m²·s)	蒸腾速率（T_r）mmol/(m²·s)	胞间 CO_2 浓度（C_i）μmol/(mol)	气孔导度（G_s）mmol/(m²·s)	瞬时水分利用效率（WUE_i）μmol/(mol)
琴叶风吹楠	7.71±1.25 [B]	5.43±1.19 [A]	287.00±10.86 [B]	0.21±0.03 [A]	1.42±0.28 [c]
风吹楠	7.35±1.65 [B]	5.01±1.19 [A]	260.54±25.86 [C]	0.14±0.05 [B]	1.47±0.22 [c]
大叶风吹楠	8.35±1.85 [A]	5.19±1.19 [A]	286.70±44.89 [B]	0.15±0.06 [B]	1.61±0.43 [b]
红光树	6.88±1.42 [C]	3.54±1.14 [B]	354.07±14.36 [A]	0.12±0.08 [C]	1.94±0.54 [a]

注：不同大写字母表示差异极显著（$P<0.01$）；不同小写字母表示差异显著（$P<0.05$）。

7.3.3　叶片光响应曲线比较

将 4 个种的实测值和拟合值绘制光响应曲线于图 7-1，结果显示叶片光合—光响应曲线拟合良好，总体趋势相似，整个过程大致可分为 4 个阶段。第一阶段，光合有效辐射（PAR）在 50~300 μmol/(m²·s) 过程中，光合速率（P_n）随 PAR 增加而呈直线上升阶段，即 P_n 迅速增加，这一阶段风吹楠和大叶风吹楠上升速度更快，其次为琴叶风吹楠，红光树最慢；第二阶段，PAR 在 300~900 μmol/(m²·s) 过程中，P_n 随 PAR 增加略呈曲线缓慢上升，仅有红光树 PAR 从 300 μmol/(m²·s) 开始就逐渐保持平稳状态；第三阶段，PAR 在 900~1 500 μmol/(m²·s) 过程中，几乎保持平稳状态，这时 P_n 几乎不再随 PAR 增加而变化过大，P_n 基本达到饱和水平；第四阶段，PAR 超过 1 500 μmol/(m²·s) 时，P_n 随 PAR 增加而呈下降趋势，这时 PAR 过大可能对苗木产生了光合抑制。不同光强下，风吹楠、大叶风吹楠和琴叶风吹楠的 P_n，相当，均远高于红光树，这4个树种中红光树的 P_n 一直处于较低水平。

前人对许多树种光响应曲线研究得出，最佳光合—光响应曲线拟合模型为直角双曲线修正模型（彭莉霞，2018；郑威，2018；周多多，2017），本研究采用叶子飘（2010）研究的直角双曲线修正模型对这4个种的光响应曲线进行拟合，计算特征参数（表7-3）。在一定生长环境下，最大净光合速率（$P_{n\,max}$）反映了单叶光合能力的强弱，其中琴叶风吹楠、风吹楠和大叶风吹楠的 $P_{n\,max}$ 相当，均极显著大于红光树（$P<0.01$），总体红光树光合能力较弱，苗木生长较缓慢，植株矮小。各树种光补偿点（LCP）为10.03~16.92 μmol/(m²·s)，光饱和点（LSP）为885.08~1 067.29 μmol/(m²·s)，其中红光树和风吹楠具有较低的 LCP 和较高的 LSP，说明这2个树种对光环境适应范围更宽，而琴叶风吹楠和大叶风吹楠对光环境的适应范围更窄。

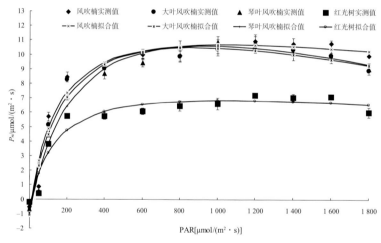

图7-1 肉豆蔻科4个种的叶片光响应曲线

表7-3 光响应曲线特征参数

树种称名	最大净光合速率（$P_{n\,max}$）μmol/(m²·s)	暗呼吸速率（R_d）μmol/(m²·s)	表观量子效率（AQY）mol/mol	光补偿点（LCP）μmol/(m²·s)	光饱和点（LSP）μmol/(m²·s)	决定系数（R^2）
琴叶风吹楠	10.57 ± 1.56	1.071 ± 0.198	0067 ± 0.005	16.92 ± 1.89	944.38 ± 81.38	0.981
风吹楠	10.66 ± 0.93	1.103 ± 0.138	0.101 ± 0.008	11.83 ± 1.36	1 051.77 ± 76.38	0.963
大叶风吹楠	10.46 ± 1.66	0.987 ± 0.129	0.083 ± 0.006	13.68 ± 1.08	885.08 ± 98.41	0.956
红光树	6.81 ± 0.95	0.603 ± 0.132	0.064 ± 0.007	10.03 ± 1.23	1 061.50 ± 89.32	0.930

7.4 风吹楠属 2 个种的叶绿素含量比较

本研究以家系为单位开展测定，其中风吹楠 6 个家系，大叶风吹楠 4 个家系，家系来源基本信息列于表 7-4。

SPAD 值测定方法：于 2016 年 8 月下旬（雨季，水热充足），每个家系选择 15 个单株，每个单株选择第一分枝中部 15 个叶片，使用 SPAD 叶绿素仪（SPAD-502）逐一测定每个叶片中部的 SPAD 值，平行测定 3 次取其平均值。

叶绿素含量测定方法：测完 SPAD 值的叶片以单株混合采样带回实验室，用无水乙醇 – 丙酮法（配比为 1：2）测定其叶绿素含量，按照科铭生物技术有限公司研发的"植物叶绿素（chlorophyll）含量试剂盒说明书"的方法进行提取，测定叶绿素混合液在 645nm 和 663nm 波长下的吸光值，分别记为 A_{645} 和 A_{663}，平行测定 3 次。

计算公式如下（参照科铭叶绿素含量试剂盒计算公式）：

叶绿素 a 含量（C_a）（mg/g 鲜重）$=0.1 \times （12.70 \times A_{663} - 2.69 \times A_{645}）$

叶绿素 b 含量（C_b）（mg/g 鲜重）$=0.1 \times （22.90 \times A_{645} - 4.68 \times A_{663}）$

叶绿素总含量（C_T）（mg/g 鲜重）$=0.1 \times （20.21 \times A_{645} + 8.02 \times A_{663}）$

表 7-4 风吹楠和大叶风吹楠采种母树基本信息

树种名称	家系编号	采种地点	经度	纬度	海拔（m）
风吹楠	20090501	景洪市（引种栽培）	100°47.000′	22°00.000′	540
	20140424	勐海县打洛镇	100°02.391′	21°40.664′	660
	20140473	沧源县班洪乡	99°05.333′	23°18.343′	974
	20140474	沧源县班洪乡	99°05.333′	23°18.343′	974
	20140476	沧源县班洪乡	99°02.159′	23°13.770′	1 200
	20140477	沧源县班洪乡	99°02.159′	23°13.770′	1 200
大叶风吹楠	20090410	盈江县铜壁关保护区	97°35.727′	24°26.866′	590
	20140434	景洪市纳版河保护区	100°36.369′	22°14.707′	900
	20140486	景洪市纳版河保护区	100°36.369′	22°14.707′	900
	20140488	勐腊县补蚌镇	101°35.070′	21°36.684′	707

7.4.1 风吹楠属 2 个种的 SPAD 值比较

将风吹楠和大叶风吹楠叶片 SPAD 值测定结果简单统计于表 7-5。风吹楠 6

个家系 1 350 片叶的 SPAD 值变幅为 51.00~82.00，总体变异系数为 8.27%；家系内部的变异系数为 4.65%~8.86%，变异系数都低于 10%，总体上看变异程度不大。大叶风吹楠 4 个家系 900 片叶的 SPAD 值变幅为 48.00~72.00，总体变异系数为 11.04%；家系内部的变异系数为 7.07%~8.41%，变异系数都低于 10%，总体上看变异程度不大。风吹楠 6 个家系的 SPAD 值平均值的变幅为 63.26~71.43，总平均值为 67.08，家系间差异达到极显著水平（$P < 0.01$）；大叶风吹楠 4 个家系的 SPAD 值平均值的变幅为 56.60~63.56，总平均值为 59.17，家系间差异达到极显著水平（$P < 0.01$）。风吹楠的 SPAD 值总体均值（67.08）显著高于大叶风吹楠 SPAD 值总体均值（59.17），风吹楠家系 SPAD 最小值（63.26）与大叶风吹楠家系最大值（63.56）相当。风吹楠和大叶风吹楠这两个种的 SPAD 值在物种水平上存在明显差异。

表 7-5　风吹楠和大叶风吹楠 SPAD 值测定数据

树种名称	家系编号	SPAD 值	标准差	变异幅度	变异系数（%）
风吹楠	20090501	66.11 C	5.83	51.00~76.00	8.82
	20140424	66.93 C	3.11	58.00~74.00	4.65
	20140473	71.43 A	3.83	63.00~82.00	5.36
	20140474	63.26 D	4.37	56.00~72.00	6.91
	20140476	66.39 C	5.88	56.00~82.00	8.86
	20140477	69.15 B	5.10	60.00~80.00	7.38
	总体	67.08	5.55	63.26~71.43	8.27
大叶风吹楠	20090410	63.56 A	4.69	56.00~72.00	7.38
	20140434	62.58 A	5.24	58.00~68.50	8.37
	20140486	58.40 B	4.13	54.00~66.00	7.07
	20140488	56.60 B	4.76	48.00~69.00	8.41
	总体	59.17	6.53	56.60~63.56	11.04

注：不同大写字母表示在种内家系间差异达到极显著水平（$P<0.01$）。

7.4.2　风吹楠属 2 个种的叶绿素含量比较

将风吹楠和大叶风吹楠叶绿素含量测定结果简单统计于表 7-6。风吹楠叶片叶绿素 a、叶绿素 b 和总叶绿素含量家系内 15 个单株间的变幅较小（不逐一列示），而 6 个家系平均值的变幅分别为 1.37~2.44 mg · g^{-1}、0.75~1.32 mg · g^{-1}、2.11~3.75 mg · g^{-1}，家系间差异达到极显著水平（$P < 0.01$）。大叶风吹楠叶片叶绿素 a、叶绿素 b、总叶绿素含量家系内 15 个单株间的变幅也较小，而 4 个家系平均

值的变幅分别为 1.24~1.78 mg·g⁻¹，0.51~0.81 mg·g⁻¹，1.79~2.59 mg·g⁻¹，家系间叶绿素 a 含量差异达到显著水平（$P<0.05$），叶绿素 b 和总叶绿素含量差异达到极显著水平（$P<0.01$）。风吹楠 6 个家系叶绿素 a 与叶绿素 b 的比值（C_a/C_b）变幅为 1.83~1.98，平均值为 1.91；大叶风吹楠 4 个家系的变幅为 2.20~2.63，平均值为 2.46。

风吹楠叶绿素 a、叶绿素 b 和总叶绿素含量都明显高于大叶风吹楠的，但是大叶风吹楠叶绿素 a 与叶绿素 b 的比值较大（>2.0），而风吹楠的相对较小（<2.0），可见这两个种叶绿素含量也存在明显差异。

表 7-6　风吹楠和大叶风吹楠叶绿素含量测定结果

树种名称	家系号	C_a(mg/g)	C_b(mg/g)	C_T(mg/g)	C_a/C_b
风吹楠	20090501	1.58 C	0.80 CD	2.38 CD	1.98
	20140424	1.72 C	0.92 C	2.65 C	1.87
	20140473	2.44 A	1.32 A	3.75 A	1.85
	20140474	1.37 D	0.75 D	2.11 D	1.83
	20140476	1.70 C	0.87 CD	2.57 C	1.95
	20140477	2.07 B	1.08 B	3.15 B	1.92
	总体	1.81	0.95	2.77	1.91
大叶风吹楠	20090410	1.78a	0.81 A	2.59 A	2.20
	20140434	1.63ab	0.62 B	2.25 B	2.63
	20140486	1.34b	0.56 BC	1.94 B	2.39
	20140488	1.24b	0.51 C	1.79 B	2.43
	总体	1.50	0.61	2.14	2.46

注：不同大、小写字母表示家系间差异极显著或显著水平（$P<0.01$、$P<0.05$）。

7.5　风吹楠在自然遮阴条件下的光合生理特征

本研究以风吹楠同一家系苗木为研究对象，根据在苗圃地里的分布位置和自然障碍物的情况分为 3 组，第一组无遮阴，全天处于正常光照状态（处理 1）；第二组于中午 12:00 以前遮阴状态，即 12:00 后自然光照（处理 2）；第三组于 15:00 前遮阴，即 15:00 后可见一些自然光照（处理 3）。每组选择生长较一致的 3 株为测定植株。

7.5.1 遮阴对风吹楠光合参数日变化的影响

于 2017 年 8 月 21—25 日，选择晴朗无风天气，用 LCpro-SD 便携式光合测定仪（ADC Bioscientific Ltd.，英国）测定光合日变化。选择一级侧枝上由下向上的第 5、6、7 片叶进行编号。测定时间为 8:00、9:30、11:00、13:00、15:00、16:30、18:00，同步记录不同光照条件下光强等参数。将数据整理绘制曲线于图 7-2。

这 3 个组光合有效辐射（PAR）日变化由图 7-2-A 表示，在一天中 11:00 时前存在较大差异。表现为第一组呈快速上升的趋势；第二组和第三组由于未见光照，PAR 稳定地处于较低水平。三个组的 PAR 达到最大值的时间分别为 13:00、15:00 和 16:30。

图 7-2-B 显示风吹楠净光合速率（P_n）日变化曲线呈现出不同的类型。第一组正常光照下随 PAR 的变化 P_n 值呈"双峰"曲线，在上午 11:00 左右出现第一个光合高峰；中午 13:00 左右出现短暂的光抑制现象，但此时 P_n 值仍较高；下午 16:30 左右出现第二个高峰值，后逐渐降低，即存在一个不明显的"午休现象"；第二组和第三组均表现为"单峰"曲线，光合高峰值出现在下午 16:30；需要说明的是到 18:00 时，第一组和第二组的 P_n 值还处于相对较高水平，而第三组已明显下降。在中午 15:00 左右，第二组与第一组的 PAR 值相当，但其 P_n 值却明显要低；在下午 16:30 左右，第三组与第二组的 PAR 值相当，但是其 P_n 值却明显要低。

图 7-2-C 显示，风吹楠 3 个处理的蒸腾速率（T_r）日变化均呈"双峰"曲线，变化规律相似，但测定值差异较大，表现为第一组的值最大，第三组的值最小；在中午 13:00 时 3 个组都处于低谷期。一般而言，早晨大气环境中的气温低、湿度高、光强低，表现出蒸腾速率较低，但中午时叶片蒸腾速率也处于一个较低水平，具体原因有待进一步研究。

图 7-2-D 显示，第一组正常光照下的气孔导度（G_s）日变化趋势与 P_n 日变化趋势相似，出现 2 个高峰值；遮阴环境下变化趋势与之相差较大，但都在中午 13:00 出现最低值。

图 7-2-E 显示，胞间 CO_2 浓度（C_i）随光强增加不断降低并趋于稳定，后又短暂升高。表现为第一组的值总处于低水平，第三组的值最高。

图 7-2-F 显示，第一组正常光照下瞬时水分利用效率（WUE_i）都高于其他两组，其中第二组到 13:00 后已接近于第一组的高水平，可是第三组一直处于较低水平。

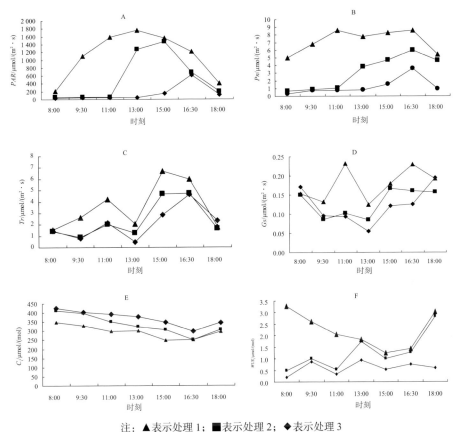

注：▲表示处理 1；■表示处理 2；◆表示处理 3
图 7-2　不遮阴和遮阴条件下风吹楠苗木叶片光合参数日变化

7.5.2　遮阴对风吹楠叶片光响应曲线的影响

　　于 2017 年 8 月 21—25 日，利用 LCpro-SD 便携式光合测定仪配套的 LED 红蓝光源叶室，在晴朗无风时测定 3 个处理的光响应曲线。每个处理测定 3 株，叶片选择方法同光合日变化测定。测定前采用 500 μmol/(m² · s) 光强对叶片进行光诱导 20 分钟。设定 CO_2 浓度以当地环境 CO_2 浓度为基准，气体流速控制在（500 ± 0.1）μmol/s，样品室叶片温度控制在（30 ± 3）℃，光合有效辐射（PAR）梯度设置为 1 800 μmol/(m² · s)、1 600 μmol/(m² · s)、1 400 μmol/(m² · s)、1 200 μmol/(m² · s)、1 000 μmol/(m² · s)、800 μmol/(m² · s)、600 μmol/(m² · s)、400 μmol/(m² · s)、200 μmol/(m² · s)、150 μmol/(m² · s)、100 μmol/(m² · s)、50 μmol/(m² · s)、0 μmol/(m² · s)，每个光强下稳定 3 min 后记录数据，测定时间为上午 9:00—11:00。净光合速率（P_n）对光强的响应进程用叶子飘（2010）报道的双曲线修正模型进行

拟合。根据拟合光响应曲线，计算出光补偿点（LCP）、光饱和点（LSP）、最大净光合速率（$P_{n\,max}$）、暗呼吸速率（R_d）和表观量子效率（AQY）。

将测定值绘制光响应曲线图7-3，在3种处理条件下风吹楠叶片 P_n 光响应曲线变化趋势大致相似，整个过程可分为3个阶段。其中，第一阶段［PAR在50~150 μmol/(m²·s)］为光合速率（P_n）随光强增加而呈线性增加，即光合速率迅速增加，这3个处理差异不大；第二阶段［PAR在150~800 μmol/(m²·s)］为 P_n 随 PAR 增加略呈曲线缓慢上升，但第3个处理后期随光强增加出现短暂下降；第三阶段［PAR在800~1 600 μmol/(m²·s)］P_n 基本趋于平稳状态，且 PAR 在900~1 050 μmol/(m²·s)P_n 达到最大值，而处理3的最大值在500 μmol/(m²·s) 左右发生；当 PAR 从1 400上升到1 600 μmol/(m²·s) 时，各处理 P_n 均开始呈现缓慢下降趋势；光强1 800 μmol/(m²·s) 时未测出相应的数值。

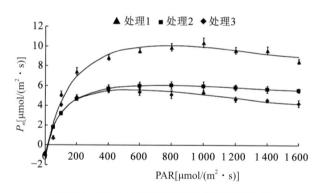

图7-3 遮阴处理下风吹楠叶片光响应曲线

利用叶子飘（2010）报道的直角双曲线修正模型对3种条件下的风吹楠叶片光响应曲线进行拟合，计算其特征参数于图7-3和表7-7。随着遮阴程度的加剧，风吹楠叶片的最大净光合速率（$P_{n\,max}$）呈下降趋势，即正常光照下最大，远远大于处理2和处理3的。与正常光照相比，遮阴使风吹楠苗木叶片的光饱和点（LSP）和表观量子效率（AQY）显著降低，而暗呼吸速率（R_d）和光补偿点（LCP）呈先降后长的趋势。

7.5.3 遮阴对风吹楠叶片光合色素的影响

将光响应曲线测定完成后的叶片及时取下，低温避光保存带回实验室测定叶绿素和类胡萝卜素含量。总叶绿素、叶绿素a、叶绿素b、类胡萝卜素含量采用乙醇提取法测定（李合生，2002）。

测定结果统计于表7-8，光合色素含量表现为处理1<处理2<处理3。其中叶绿素a和总叶绿素含量在处理间差异达到显著水平（$P<0.05$），而叶绿素b和类胡萝卜素含量差异不明显。遮阴主要促使叶绿素a的积累，使得叶片更绿。

表 7-7　遮阴处理下风吹楠苗木叶片光合响应曲线特征参数

处理	最大净光合速率 /μmol/(m²·s)	暗呼吸速率 /μmol/(m²·s)	表观量子效率 /mol·mol⁻¹	光补偿点 /μmol/(m²·s)	光饱和点 /μmol/(m²·s)	决定系数
1	10.07 ± 1.10 A	1.28 ± 0.039 b	0.086 ± 0.010 a	19.16 ± 1.34 B	881.30 ± 90.28 A	0.975
2	6.06 ± 0.84 B	0.92 ± 0.029 b	0.078 ± 0.006 b	17.25 ± 1.21 C	753.74 ± 88.36 B	0.964
3	5.60 ± 0.91 B	1.24 ± 0.051 a	0.068 ± 0.005 c	20.33 ± 2.16 A	546.63 ± 73.29 C	0.951

表 7-8　遮阴条件下风吹楠叶片光合色素含量

处理	叶绿素 a (mg/g)	叶绿素 b (mg/g)	总叶绿素 (mg/g)	叶绿素 a/b	类胡萝卜素 (mg/g)
1	3.604 ± 0.343	1.537 ± 0.164	5.141 ± 0.506	2.348 ± 0.038	1.853 ± 0.252
2	3.749 ± 0.264	1.614 ± 0.186	5.362 ± 0.417	2.340 ± 0.214	2.062 ± 0.312
3	4.150 ± 0.565	1.811 ± 0.273	5.961 ± 0.835	2.295 ± 0.053	2.182 ± 0.407
总 体	3.834 ± 0.453	1.654 ± 0.233	5.488 ± 0.678	2.328 ± 0.124	2.032 ± 0.340

7.5.4　遮阴对风吹楠苗期生物量分配的影响

每个处理选择健康、长势均匀的3株进行地上部分生物量测定。取地上部分全部营养器官带回实验室，用清水清洗干净，以株为单位分成叶片、侧枝、主干等3部分。于鼓风烘箱105℃条件下杀青1 h，在75℃下恒温烘至恒重，称其各部分干重。各器官生物量分配比（%）= 各器官干物质重 / 总生物量 ×100。

最终的生物量分配情况统计于表7-9。正常光照下苗木叶片、侧枝、主干等3部分的生物量为遮阴处理下相应部分的几倍到几十倍，差异极大，说明遮阴时间长、光照不足严重影响了风吹楠苗木干物质积累，影响植株生长。处理3表现为侧枝细弱，叶片稀疏，植株矮小。在生物量分配方面，正常光照的处理1，叶片占47.28%，侧枝占15.90%，主干占36.82%；遮阴强度最大的处理3，叶片占82.09%，侧枝占7.81%，主干占10.09%。这种生物量分配的变化可能是遮阴条件下的应急反应，把有限的物质优先供应给叶片，尽可能多发育光合器官。遮阴使得叶片变小，变薄，叶片组织含水量增加，但是对叶片形态特征影响不大。

表 7-9　遮阴处理下风吹楠苗木生物量分配

处理	总生物量 (g)	均值					生物量分配 (%)		
		叶片重 (g)	侧枝重 (g)	主干重 (g)	侧枝数	叶片数	叶片	侧枝	主干
1	761.49 A	360.01 A	121.11 A	280.37 A	25.00 A	577.00 A	47.28	15.9	36.82
2	106.28 B	68.77 B	13.43 B	24.09 B	13.50 B	145.50 B	64.70	12.64	22.66
3	34.23 C	28.10 C	2.67 C	3.46 C	9.00 C	57.50 C	82.09	7.81	10.09
总体	300.67	152.29	45.74	102.64	15.83	260.00	50.65	15.21	34.14

7.6　小结

　　居群是物种的存在形式，居群内存在一定的变异。变异来源一部分是遗传差异，另一部分是环境差异。本研究中，风吹楠同一家系苗木因为遮阴使得光合生理特征、营养器官生物量分配、植株生长量等表现出明显差异；在正常光照条件下，家系间 SPAD 值和叶绿素含量差异达到极显著水平，表现为居群内和居群间的遗传差异。同一居群内受遮阴程度千差万别，季节性干旱胁迫程度各不相同。环境因素的综合差异使得同一物种在居群内和居群间变异丰富，甚至产生某些特化。

　　风吹楠和大叶风吹楠是同属植物，得到形态学、油脂化学和分子遗传学支持。本研究中，风吹楠与大叶风吹楠的 SPAD 值和叶绿素含量存在显著差异，体现物种水平的差异。风吹楠在水分充足的条件下生长迅速，虽然比较能够忍耐干旱，但瞬时水分利用效率较低，采用降低生长量的办法来适应干旱胁迫，实际上也是一种不抗干旱的本质。结合本试验可以很好地解释，风吹楠在天然沟谷密林中不占优势，而在山坡疏林中生长良好，是光照适应性和水分适应性相结合的表现。

　　红光树在水分充足的条件下生长慢，净光合速率低，但瞬时水分利用效率较高，光适应和水分适应范围较宽，体现了抗旱的生理特征。红光树属的野外分布环境较干旱和植株总体生长慢的特点也符合这一规律。

参考文献

李合生，2002. 现代植物生理学 [M]. 北京：高等教育出版社：134-136.

彭莉霞，黄东兵，吴德，等，2018. 竹节树幼苗的光响应特性及其曲线最适模型选择 [J]. 西南林业大学学报，38(4)：1-5.

叶子飘，2010. 光合作用对光和 CO_2 响应模型的研究进展 [J]. 植物生态学报，34 (6)：727-740.

周多多，蒋少伟，吴桂林，等，2017. 不同水分条件下胡杨光响应曲线拟合模型比较 [J]. 植物科学学报，35(3)：406-412.

郑威，何琴飞，彭玉华，等，2018. 石漠化区银合欢林光响应曲线模型比较 [J]. 西南林业大学学报，38(2)：23-29.

第8章

叶片解剖结构的初步比较

8.1 引言

植物的结构决定功能，器官结构的特征是对环境适应的表现。一个物种从起源地向周围扩散的过程中总会碰到各种各样的生态限制，这就产生群体内环境适应的多态性，这一定时段内就表现出居群间差异和居群内差异，甚至某些器官结构的特化现象。认识植物解剖结构的个体发育、系统发育、种内变异规律等对植物分类系统构建、资源利用、良种培育等都有重要意义（胡正海，2010）。

叶片作为植物功能器官，与其生活环境直接相关，所以叶片的结构、功能、环境三者统一是种群发展和居群稳定的基础，在一定程度上反映了种内分化和系统发育的规律性。

肉豆蔻科在我国的分布已经是北缘边界，居群隔离已经客观存在，限制因子也有所不同，在一定程度上叶片解剖结构也许能反映环境差异性，也可能反映种内稳定性。本章针对叶片解剖结构特征进行初步介绍。

8.2 试验材料和方法

从云南省内采集云南内毛楠、风吹楠、大叶风吹楠、云南肉豆蔻、红光树、小叶红光树、假广子、密花红光树的成熟叶片，置于 FAA 固定液保存。通过石蜡切片和番红固绿染色，再使用 PANNORAMIC DESK/MIDI/250/1000 全景切片扫描仪扫描成像，使用 CaseViewer2.2 扫描浏览软件查看和测量各种组织厚度。组织厚度采用测定有代表性的 5 个点的数据计算平均值而成，图中的数据仅是其中 1 个点。

8.3 叶片解剖结构

这 8 个种都是典型的异面叶，均包括角质层、上表皮、栅栏组织、海绵组织、下表皮，但是其细胞结构和组织分化上存在种内变异、种间差异和属间差异。由于各个物种的分布区域不同，所以不可能做到采样环境的一致。这里选择环境比较湿润和种群数量相对较大的居群样品进行比较，将结构特征列于图 8-1；将叶片厚度、角质层、栅栏组织、海绵组织、上表皮和下表皮厚度列于表 8-1。

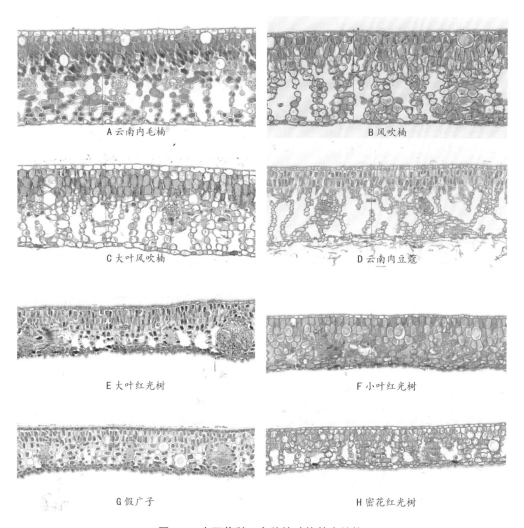

A 云南内毛楠   B 风吹楠

C 大叶风吹楠   D 云南肉豆蔻

E 大叶红光树   F 小叶红光树

G 假广子   H 密花红光树

图 8-1　肉豆蔻科 8 个种的叶片基本结构

这 8 个种的上表皮都由 1 层排列相对紧密的细胞组成，栅栏组织由 3~4 层长圆形至柱形的细胞组成，海绵组织种间差异大，下表皮细胞排列相对疏松。红光树属 4 个种的上表皮细胞排列最紧密，海绵组织细胞排列相对紧密，而其他 4 个种相对疏松；红光树属 4 个种叶片厚度普遍较薄，一般小于 200 μm。

云南肉豆蔻的海绵组织占比较厚，而且细胞排列最疏松，出现较大的空腔，表现出最不抗旱的结构特点，野外调查和人工种植情况也表现为极不耐干旱。风吹楠属 2 个种和云南内毛楠的海绵组织结构相似；风吹楠栅栏组织细胞排列更紧密，细胞呈柱形，而大叶风吹楠和云南内毛楠的栅栏组织细胞呈长圆形。

考虑到每种只抽 1 个样具有明显的偶然性，所以试探性地采集风吹楠 4 个居群的样品加以比较（图 8-2，表 8-2）。结果表明，居群间形态结构特征保持良好的稳定性，但数量性状方面差异却很大。

表 8-1   肉豆蔻科 8 个种的叶片组织厚度

物　种	叶厚 (mm)	角质层 (mm)	栅栏组织 (mm)	海绵组织 (mm)	上表皮 (mm)	下表皮 (mm)	栅栏/海绵
A 云南内毛楠	0.321 46	0.003 42	0.127 42	0.148 63	0.018 31	0.012 51	0.857 23
B 风吹楠	0.336 82	0.004 51	0.133 80	0.161 22	0.017 28	0.015 71	0.829 92
C 大叶风吹楠	0.273 44	0.003 94	0.111 08	0.124 85	0.020 12	0.017 37	0.889 71
D 云南肉豆蔻	0.306 10	0.006 11	0.113 64	0.148 83	0.017 64	0.013 34	0.763 56
E 大叶红光树	0.200 54	0.006 56	0.079 12	0.080 96	0.009 24	0.010 12	0.977 27
F 小叶红光树	0.182 81	0.004 11	0.063 73	0.090 93	0.011 23	0.010 41	0.700 87
G 假广子	0.163 39	0.006 84	0.067 41	0.062 89	0.009 03	0.009 53	1.071 87
H 密花红光树	0.161 18	0.002 84	0.062 51	0.065 63	0.010 01	0.011 18	0.952 46

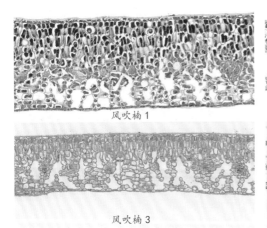

风吹楠 1

风吹楠 3

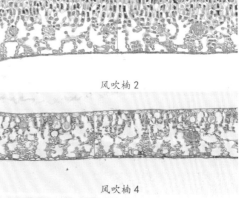

风吹楠 2

风吹楠 4

图 8-2   风吹楠 4 个居群叶片解剖结构比较

在本试验中，样本 1 和样本 4 是两个极端。样本 1 采自于干旱山脊的 1 株生长旺盛的大树，栅栏组织由 5~6 层柱形细胞组成，而且排列紧密；叶片厚度大于 400 μm，主要体现为栅栏组织和海绵组织增厚。样本 4 采于半山坡 1 株普通植株，栅栏组织由 2~3 层长圆形细胞组成，而且排列较疏松；叶片厚度不足 300 μm，与样本 1 相比，差异主要来自于栅栏组织和海绵组织厚度。

表 8-2　风吹楠 4 个居群叶片组织厚度

物种	叶厚 (mm)	角质层 (mm)	栅栏组织 (mm)	海绵组织 (mm)	上表皮 (mm)	下表皮 (mm)	栅栏 / 海绵
风吹楠 1	0.404 42	0.005 21	0.172 85	0.194 01	0.016 80	0.013 74	0.890 93
风吹楠 2	0.328 74	0.003 01	0.146 21	0.146 92	0.018 21	0.010 56	0.995 17
风吹楠 3	0.336 82	0.004 51	0.133 80	0.161 22	0.017 28	0.015 71	0.829 92
风吹楠 4	0.258 32	0.003 41	0.101 41	0.123 22	0.016 43	0.014 92	0.823 00

8.4　小结

叶片解剖结构分析，技术不难，但是程序繁琐，并非易事；而且种内变异大，采样误差大，要掌握居群内变异和居群间变异式样几乎不可能。张平（2010）对国产风吹楠属、红光树属和肉豆蔻属进行分析，结果表明气孔器、角质层纹饰和表皮毛特征在属间差异比较明显，可以作为划分属的依据，但是文中没有提及琴叶风吹楠（*Horsfieldia pandurifolia*）。

本研究中，采自云南的大叶风吹楠与蒋迎红（2018）分析的海南风吹楠结构特征相似，但叶片明显要薄。本课题组采自不同居群的云南内毛楠、假广子、红光树都表现出明显的种内变异。结合采样点生境和植株状态分析，可能解剖结构的变异在一定程度上体现了环境适应的策略差异，需要进一步研究。

参考文献

胡正海，2010. 植物解剖学 [M]. 北京：高等教育出版社 .

蒋迎红，刘雄盛，蒋燚，等，2018. 濒危植物海南风吹楠营养器官解剖结构特征 [J]. 广西植物，38(7)：843-850.

张平，徐凤霞，2010. 肉豆蔻科（Myristicaceae）3 属国产种类的叶表皮形态观察 [J]. 电子显微学报，29(5)：491-498.

第**9**章

红光树与大叶红光树的比较

9.1 引言

《云南植物志》和《中国植物志》记录我国野生的红光树（*Knema furfuracea*）分布于盈江县、西双版纳州和金平县；大叶红光树（*K. linifolia*）分布于沧源县。《Flora of China》记录为红光树（*K. tenuinervia*）分布于金平县、西双版纳州、盈江县；大叶红光树（*K. linifolia*）分布于云南西南部（SW Yunnan）。《中国高等植物彩色图鉴》（王文采，2016）只记录红光树（*K. tenuinervia*）分布于云南。本课题组收集到的研究证据表明，我国野生的红光树和大叶红光树属于同一个种的两个地理变异类型，应当合并，而且应归并入 *Knema tenuinervia* W. J. de Wilde（1979）。本章将给予比较和分析。

9.2 文献比较

21 世纪初相继出版的《Flora of China》和《中国高等植物彩色图鉴》沿用了《云南植物志》和《中国植物志》的记录资料，仅更换了红光树的拉丁学名，形态描述几乎没变。

根据《云南植物志》和《中国植物志》，以及叶脉（2004）的硕士学位论文，在分种检索表中，两个种的区别点为"红光树，叶宽披针形或长圆状披针形或倒披外形，长（15）30~55（70）cm，宽（7）8~15cm，先端渐尖或长渐尖，基部圆形或心形，侧脉 24~35 对；果外面密被短的锈色树枝状绒毛"。与之相对，"大叶红光树，叶倒卵状披针形，长（15）24~40cm，宽 7~13cm，两端渐狭，先端渐尖或长渐尖，基部圆形，侧脉 20~25 对；果外面密被锈色绒毛。"进一步对比形态描述，寻找区分点。

红光树 "幼枝稍老时有纵条纹，易开裂；叶片基部心脏形或圆形；侧脉 24~35 对，两面隆起；小苞片着生在近花被基部；雄蕊盘几不下陷，边缘花药无柄，10~13 枚；柱头顶端分裂为多数的浅裂或浅齿，中间下陷；花期 11 月至翌年 2 月"。

大叶红光树 "叶片基部圆形；侧脉 20~25 对，两面隆起；小苞片着生于花梗的中部或中部以下；雄蕊盘下陷，边缘花药无柄，13~18 枚；柱头 2 裂，每裂片再 2 浅裂；花期 8—9 月"。

根据这 3 个不同的学名，查阅 de Wilde（1979）发表于 Blumea 的论文，对形态描述进行对比，寻找区别点。

第 1 个种，*Knema linifolia* (Roxb.) Warb. (1897)。嫩枝圆柱形；皮在嫩枝条稍下部条裂，不开裂或仅在较老的枝条上开裂，但不呈片状剥落；叶片基部楔形至浅心形；侧脉（20~）25~30 对，正面隆起；雄花梗长 8~15 mm，小苞片生于小花梗下部至上部（有时靠近顶端），早晚脱落；花被内面淡黄色；雄蕊盘平至深凹；雄蕊 12~18 枚，半无柄；柱头扁平，浅 2（~4）裂。将原文摘录为：**Twigs** stout, terete, lower down the bark ± striate, not or only in the older wood slightly cracking, not flaking. **Leaf blade** base attenuate to shallowly cordate. **Nerves**（20-）25-30 pairs, raised above. **Male flower** pedicels 8–15mm, the bracteole ± caducous, below to above the middle, in immature flowers sometimes subapically; **Perianth**, inside yellowish; **Staminal disc** flat to deeply concave; **Anthers** 12–18,half-sessile; **Stigma** flattish, shortly 2(–4)-lobulate.

第 17 个种，*Knema furfuracea* (Hook. f. Th.) Warb. (1897)。文中没有记录形态特征，只介绍本种的界定范围明显窄化，de Wilde 根据标本的信息作了取舍，然后描述了 *Knema tenuinervia* W. J. de Wilde (1979)。

第 30 个种，*Knema tenuinervia* W. J. de Wilde (1979)。 嫩枝扁圆形至钝三棱形；皮不开裂；叶片基部楔形至圆钝至心形；侧脉 25~50 对，正面不隆起；雄花小花梗长 1~6 mm，小苞片相当大，2~4（~5）mm，早落或很晚脱落，着生于小花梗顶端或近顶端；花被内面浅红至粉红色；雄蕊盘平或有时凹陷；雄蕊（7~）9~16，无柄至半无柄；柱头扁平，2 裂，每裂片再 6~9 分裂成片状。将原文摘录为：**Twigs** stout, subterete to obtusely angled; (the bark) not striate. **Leaf blade** base subattenuate to rounded or cordate. **Nerves** 25–50 pairs, not raised above. **Male flower** pedicels 1–6mm long, the bracteole rather large, 2–4(5)mm, early to rather late caduceus, apically or subapically on the pedicel. **Perianth**, inside reddish or pink. **Stamina disc**, flat or somewhat concave. **Anthers** (7–) 9–16, sessile to half sessile. **Stigma** flattish, 2-lobed and each lobe again 6–9 -lobulate.

另外，文中还记录，*K. tenuinervia* 的相似种（resembling species）为 *K. linifolia* 和 *K. furfuracea*。其区别点为：*K. linifolia* 侧脉表面突起（above prominent lateral nerves），*K. furfuracea* 较老的嫩枝条的皮总是呈小片状脱落（the bark of the older twigs is always distinctly flaking）。而且，*K. tenuinervia* 是个多型种，可以比较容易地分成 3 个亚种。其中 subsp. *tenuinervia* 叶基部圆钝、平截或心形，雄花序之小苞片早晚脱落；subsp. *kanburiensis* 叶基圆钝或平截，雄花未见；subsp. *setosa* 叶基心形，雄花序之小苞片很晚脱落，雌花未见。

综合文献，实际上这 3 个种没有区别，形态上呈连续的变异，或者交叉。其中 *K. tenuinervia* 的变异幅度更大，覆盖了我国野生的 *K. linifolia* 和 *K. furfuracea*；根据 3 个亚种的形态记录，没有必要再进一步分亚种。

9.3 中国野生生活植株的形态比较

为了方便叙述，将比较对象称之为"南滚河居群"和"澜沧江居群"。本课题组于 2014—2023 年进行野外调查和形态记录，注重"生长动态""株内变异"和"株间变异"的观察。

关于嫩枝：嫩枝被褐色毛是普遍特征；枝条圆柱形、扁圆形、钝三棱形、具棱脊等是变异的特征，两个居群都存在，而且存在株内变异；幼枝渐老时皮上"有纵条纹，易开裂"的现象在澜沧江居群发现，但不是稳定的性状，存在株内变异和株间变异；南滚河居群偶尔有这种现象，但不明显（图 9-4）。

关于叶形：叶片的总体形态实际上没有区别，可以认为两个居群的变异相等；关于叶尖，都描述为"渐尖或长渐尖"，澜沧江居群在"植物志"中记为"通常钝头"或 "often obtuse"，实际调查中发现澜沧江居群常见不钝头的植株（图 3-38、图 3-39），而南滚河居群"先端圆钝"的植株却较多（图 3-25、图 3-27、图 3-30、图 9-1），这个分类指标不可用。关于叶基，在"植物志"中，澜沧江居群"心脏形或圆形"，南滚河居群"基部圆形"。调查中发现，南滚河居群叶基部存在"楔形—圆形—平截—浅心形"的连续变异，关键是存在株内变异（图 3-28、图 3-29、图 9-2、图 9-3、图 9-4）。关于侧脉，所有观测到的植株都是两面隆起，符合 de Wilde（1979）描述的 *K. linifolia*，而区别于 *K. tenuinervia*。

关于花序：整个花序被褐色毛，小花梗着生于瘤状总梗上，这是普遍现象，属于共性。关于小苞片着生位置，南滚河居群的小花梗长可达 10 mm 以上，小苞片着生位置从下部到上部存在明显的株内变异（图 3-31 至图 3-37）；澜沧江居群，本课题组从景洪市基诺乡、勐腊县象明乡、勐腊县勐腊镇龙林村采到标本，小花梗极短，长不足 5 mm，小苞片着生位置的变化不容易看出，就只能描述为"近花被基部"了（图 3-41、图 3-42、图 3-48）。

图 9-1　南滚河居群倒卵形叶变异

图 9-2　南滚河居群叶基楔形变异

图 9-3　南滚河居群叶基圆形变异

图 9-4　南滚河居群叶基平截的变异

关于雄花：雄花未开放时南滚河居群普遍呈短棒形，顶部稍大（图 3-34、图 3-36），少数呈压扁状倒卵形；澜沧江居群普遍呈压扁状倒卵形或梨形（图 3-41、图 3-42）。花被通常 3 裂，内面淡红至粉红色，雄蕊盘呈钝三角形或三角状圆形，这是共同特征。在雄花成熟开放过程中，雄蕊柱由深度凹陷的球状体发展为盘状体是动态过程，两个居群都一样（图 3-37、图 3-44）。花药枚数是一个变异较大的性状，澜沧江居群花药从 11 枚到 16 枚的都有（图 3-44、图 9-5、图 9-6），株内变异明显，南滚河居群常见 11 枚花药（图 3-32、图 3-36）。

关于雌花：雌花未开放时南滚河居群普遍呈三棱柱形，下部稍膨大（图 3-31、

图 3-33），澜沧江居群普遍为卵形（图 3-43）；柱头 2 裂是共同性状，至于每个裂片再 2 裂或多裂，以及裂片深浅都是变异的性状，株内也不稳定。

关于花期： 南滚河居群通常 9—11 月开花，也发现 4 月开花的植株；澜沧江居群通常在 11 月至翌年 2 月开花，也存在其他月份开花的植株。同一物种在不同居群花期不同是普遍现象；同一居群内不同植株花期不遇也经常发生。

图 9-5　澜沧江居群雄花（景洪基诺）　　　图 9-6　澜沧江居群雌雄同序（勐腊象明）

9.4　分子遗传学的比较

根据本书第 4 章全基因组 AFLP 分析结果，南滚河居群的 9 个样品单独分出来聚成一枝，而澜沧江居群中的 23 个样品（3 个采样点为勐仑、象明、南沙河）混合为一枝，采样点间完全交叉。本课题组前期研究，采自广西的海南风吹楠（*H. hainanensis*）也与采自云南的大叶风吹楠（*H. kingii*）和滇南风吹楠（*H. tetratepala*）分开，而后两者则完全交叉，实际上这 3 个种的合并是得到公认的（Wu, 2008；吴裕，2019）。远距离的长期隔离，导致居群间的遗传距离增加，这是共性。

根据本书第 5 章叶绿体基因组数据，采自南滚河居群和澜沧江居群的 2 份样本聚为 1 小枝，一方面可以支持 *K. linifolia* 和 *K. furfuracea* 是相似种的观点，另一方面也可以支持南滚河居群和澜沧江居群是同一种的两个地理变异类型。

分子系统学研究总体支持"两个相似种或两个地理变异类型"。

9.5 小结

形态分类学所采用的一个原则是强调"形态间断"。徐炳声（1998）解释为所谓的间断性差别，就是指没有过渡类型，但也不能绝对化。一个好的分类系统的提出要求所使用的分类性状或特征是可靠和稳定的，而且在所建立的分类类群中表现相当一致而没有例外出现（司马永康，2011），即所谓的"无例外原则"。植物的表型是基因和环境共同作用的结果，居群内和居群间都可能存在错综复杂的变异，而且在时间上也呈动态变化，可能同时存在一些过渡类型，这时居群的概念就显得十分重要，这种观点在一定程度上会降低单份标本的分类学价值。植物分类的目的不仅是为了分成若干个类别，更重要的是寻找类群间的关系。

根据 de Wilde（1979）的记录，*K. linifolia* 分布于印度东北部、孟加拉国、缅甸（NE. India, Bangladesh, Burma），*K. tenuinervia* 分布于印度东北部、尼泊尔东部到泰国和老挝一带（NE. India and E. Nepal to Thailand and Laos）。从总体水平分布看，这两个种的分布区是重叠的，云南分布区属于该现存分布区的边缘，具备生态宗（ecological race）分化的自然条件。

本课题组通过多年观察，从株内变异、居群内变异和居群间变异等 3 个层次进行比较，结合文献记录进行分析。叶片总体形态可以认为两个居群具有相同的变异，至于叶基"楔形—圆形—平截—心形"是连续的变异，甚至存在株内变异，所以根据叶基部心形与圆形的差异分类检索不可靠；小苞片在小花梗上的着生位置从下部到上部是连续的株内变异，没有分类学价值；着生花药的雄蕊柱从一个空心的球形体逐渐向外向下翻转，形成三棱状圆形的雄蕊盘，这是生长发育过程中的动态变化过程，所以雄蕊盘"下陷"和"几不下陷"没有可比性；"植物志"记录的花药数为澜沧江居群 10~13 枚，南滚河居群 13~18 枚，然而据本课题组观察，澜沧江居群 15~16 枚的不少，南滚河居群 11 枚的也不少，可以认为花药枚数在两个居群都具有相同的变异；柱头 2 裂是共同的特征，柱头 2 裂的深浅程度以及每个裂片的再次分裂数和深浅程度是不稳定的性状，不具有分类学价值。

关于居群间的差异。南滚河居群分布范围相对较窄，种群数量也相对较少；虽然本课题组力求获得更多的变异体，但能采到的花枝标本数量总是有限的，发现花形态变异较大。在居群水平上，南滚河居群叶片基部呈心形变异的频率较低，而呈楔形变异的频率较高；澜沧江居群的分布频率则刚好相反。澜沧江居群小花梗较短，接近成熟开放的花蕾相对粗短，呈卵形或梨形；南滚河居群小花梗较长，接近成熟开放的花蕾相对细长，呈短棒形，稀呈压扁状倒卵形。这种差异也许可以引用地方宗（local race）的概念加以解释（徐炳声，1998）。生物学种（biological species），也称为生殖隔离种（isolation species），就要有"生殖隔离"的证据（Michael G. Simpson, 2012），然而生殖隔离的验证可不容易，因为在林业上种间杂交育种已经是不争的事实，或者碰到无配子生殖（agamic reproduction）又当如何处理？

结论：两个居群在形态上存在一定程度的差别，但没有"间断性差别"，只能看作居群分化的结果。结合全基因组 AFLP 分析结果和叶绿体基因组序列比较的结果，将"这两个居群"判定为同一个形态学种（morphological species）的两个地理变异类型（geographical race）。名称采用"红光树 *Knema tenuinervia* W. J. de Wilde（1979）"。

参考文献

司马永康，2011. 中国木兰科植物的分类学修订 [D]. 昆明：云南大学 .

王文采，刘冰，2016. 中国高等植物彩色图鉴（第 3 卷）[M]. 北京：科学出版社 .

吴裕，段安安，2019. 特殊油料树种琴叶风吹楠遗传多样性及分类学位置 [M]. 北京：中国农业科学技术出版社 .

吴裕，毛常丽，张凤良，等，2015. 琴叶风吹楠（肉豆蔻科）分类学位置再研究 [J]. 植物研究，35（5）：652-659.

徐炳声，1998. 中国植物分类学中的物种问题 [J]. 植物分类学报，36（5）：470-480.

叶脉，2004. 中国肉豆蔻科植物分类研究 [D]. 广州：华南农业大学 .

云南省植物研究所，1977. 云南植物志（第 1 卷）[M]. 北京：科学出版社 .

中国植物志编辑委员会，1979. 中国植物志（第 30 卷第 2 分册）[M]. 北京：科学出版社 .

de Wilde W J J O, 1979. New account of the genus *Knema* (Myristicaceae)[J]. Blumea, 25: 321-478.

Michael G. Simpson, 2012. Plant Systematics (Second Edition) 植物系统学 (原著第二版)[M]. 北京：科学出版社 . (English)

Wu Z Y, Raven P H, Hong D Y, 2008. Flora of China (Vol. 7)[M]. BeiJing: Science Press.

图 9-7　澜沧江居群幼苗叶基楔形（人工播种）

图 9-8　南滚河居群幼苗叶基楔形（天然萌发）

第**10**章

假广子与狭叶红光树的比较

10.1 引言

《云南植物志》和《中国植物志》记录我国野生的假广子（*Knema erratica*）分布于勐腊县、景洪市、瑞丽市、潞西市、沧源县；狭叶红光树（*K. cinerea* var. *andamanica* 或 *K. cinerea* var. *glauca*）分布于勐腊县、瑞丽市。《Flora of China》记录为假广子（*K. elegans*）分布于勐腊县、景洪市、瑞丽市、潞西市、沧源县；狭叶红光树（*K. lenta*）分布于勐腊县、瑞丽市；《中国高等植物彩色图鉴》只收录假广子（*K. elegans*）分布于云南。本课题组根据狭叶红光树叶形"长方状披针形或线状披针形"，以及"柱头 2 裂，每裂片 3–4 浅裂"的区别点确认后采集样品分析。结果表明，我国野生的狭叶红光树属于假广子的居群内变异，应归并入 *Knema erratica* (Hook. f. et Thoms.) Sinclair (1961)。

10.2 文献比较

于 2008 年出版的《Flora of China》沿用了《云南植物志》和《中国植物志》的记录资料，仅更换了两个种的拉丁学名，形态描述几乎没变。《中国高等植物彩色图鉴》（王文采，2016）只记录了假广子叶片"长圆状披针形至条状披针形，边缘近平行"。

根据《中国植物志》的分种检索表整理两个种的区别点为"假广子，花药无柄；果外面被毛，老时渐变无毛；柱头 2 裂，每裂片 2 浅裂"。与之相对，"狭叶红光树，花药具柄；果外面被毛，老时不甚脱落；柱头 2 裂，每裂片 3–4 浅裂"。但是《云南植物志》的检索表为两个种都是"花药明显具柄"。

进一步对比形态描述。在《云南植物志》和《中国植物志》中，假广子叶片"长方状披针形或卵状披针形至线状披针形，稀长圆形或狭椭圆形"，狭叶红光树叶片"长圆状披针形或狭椭圆形"，假广子包含了狭叶红光树。唯一的差别为假广子叶基部楔形或近圆形，稀近平截，而狭叶红光树的为基部楔形或近圆形，绝不成心形或微凹，这实际上也等于没差别。花序总体形态也没有差异，两个种的小苞片都着生于小花梗的中部及中部以上。假广子雄蕊盘下陷或近下陷，花药 8~13（~16）枚；柱头 2 裂，每裂片再 2 浅裂；与之相对，狭叶红光树雄蕊盘稀下陷，花药10~12 枚；柱头 2 裂，每裂片 3~4 齿。果序形态实际也无差别。《中国植物志》补充记录"本种（狭叶红光树）有 5 个变种及 2 个变型。正种我国不产，本变种的外形近似假广子，但不同点是叶除中肋及侧脉被毛外，其余无毛；花药具柄；柱头 2 裂，每裂片 3~4 浅裂"。从文本记录看，可区分的差异仅是"花药柄的有无，柱头每裂片再次分裂的状态"。

叶脉（2004）在学位论文《中国肉豆蔻科植物分类研究》中记为：假广子雄花小苞片着生于花梗中部，雄蕊盘平或稍微下陷，花药 11~13 枚；雌花小苞片着生于花梗中部位置，柱头 2（~3）裂，每裂片又具（3~）4~5 小裂。狭叶红光树雄花小苞片着生近花被基部，雄蕊盘平或凹陷，花药 6~12 枚；雌花小苞片生于花梗中部，柱头 2 裂，每裂片先端又有 2~4 浅裂。在该文献中，补充记录了雌花小苞片位置；柱头分裂情况与"植物志"的差异较大。

根据 2008 年出版的《Flora of China》对比相应的特征区别点，在检索表中假广子为花药无柄（anthers sessile），狭叶红光树为"花药近有柄（anthers nearly stalked）。形态描述中：假广子叶片基部宽楔形或近圆形，雄花小苞片着生于小花梗中部或偏上；雄蕊盘平或凹；柱头 2 裂，每裂片再浅 2 裂（leaf blade base broadly cuneate or nearly rounded; male flower bracteole inserted at middle (or higher) of pedicel; staminate disk flat or ± concave; stigma bifid, each lobe again shallowly 2 lobulate）。狭叶红光树叶片基部楔形至圆形，雄花小苞片着生于小花梗中部或以上；雄蕊盘平；柱头 2 裂，每裂片再多数浅裂（leaf blade base cuneate to rounded; male flower bracteole at or above middle; staminal disk flattish; stigma deeply 2-lobed and each lobe shallowly many lobulate）。

《Flora of China》还补充记录了 *K. lenta* 相似于 *K. andamanica*，原文为"*Knema lenta* resembles *K. andamanica* (Warburg) W. J. de Wilde"。

根据以上 5 个不同的拉丁学名，查阅 de Wilde (1979) 的文献，进行对比如下。

第 5 个种，*Knema andamanica* (Warburg) W. J. de Wilde (1979)。叶片长方形至披针形，最宽处在下部或常在中部偏上，叶基部楔形到圆形，长 8~30 cm，宽 2~8.5 cm；花序梗从无至长 5mm；小苞片早晚脱落，着生于花被片基部或近基部，一般相隔不足 2mm；花被内面粉红至微红色；雄蕊盘平至凸；花 6、9 或 9~12 枚，半无柄或具短柄。雌花小苞片着生近花被基部；柱头多少深 2 裂，每裂片顶端再 2~4 浅裂。将原文摘录为：**leaf blade** oblong to lanceolate, broadest below or usually at or above the middle, base attenuate to rounded；**Inflorescences** sessile or up to 5 mm peduncled；**Male flower**, the bracteole subpersistent or caducous, apical or subapical, usually not more than 2 mm below the perianth；**Perianth**, inside pink or reddish；Stamina disc flattish to convex；**Anthers** either 6 or 9, or 9–12, half-sessile or short-stiped；**Female flowers**, the bracteole subapical；**Stigma** ± deeply 2-lobed and each lobe shallowly 2–4-lobulate at the top.

第 49 个种，*Knema elegans* Warb. (1897)。叶片长方形至披针形，最宽处从下部到中部偏上，叶基楔形至宽圆形，长 12~40 cm，宽 3.5~12 cm；花序梗长至 5mm，单一或分枝；雄花小苞片早落，着生于小花梗近中部；花被内面微红色；雄蕊盘平；雄蕊 9~12 枚，半无柄到几乎有柄；雌花小苞片着生于小花梗中部；柱头 2 裂，每裂片再 3~4 浅裂。将原文摘录为：**leaf blade** oblong to lanceolate, broadest below to above the middle, base attenuate to broadly rounded；**Inflorescences** up to 5 mm peduncled, simple or bifurcate；**Male flower**, the bracteole caducous, at about halfway；**Perianth**, inside reddish；**Staminal** disc flat；**Anthers** 9–12, half-sessile to almost stiped；**Female flower**, the bracteole median；**Stigma**, 2-lobed and each lobe again shallowly 3–4-lobulate.

第 59 个种，*Knema erratica* (Hook. f. & Th.) Sinclair (1855)。叶披针形，最宽处常在叶片中部或偏上，叶基楔形至圆形，长 12~25 cm，宽 3~5.5 cm；花序梗长达 4mm，单一；雄花小苞片早落，着生于小花梗近中部；花被内面微红色；雄蕊盘平至浅凹；花药 11（~13）枚，半无柄；雌花小苞片着生于小花梗近中部；柱头 2（稀 3）裂，每裂片再（3~）4~5 裂。将原文摘录为：**leaf blade** lanceolate, broadest usually at or above the middle, base attenuate to rounded；**Inflorescences** peduncled for up to 4mm long, simple；**Male flower**, the bracteole caducous, at about halfway；**Perianth**, inside reddish；**Staminal disc** flat to slightly concave；**Anthers** 11 (–13), half-sessile；**Female flower**, the bracteole ± median; **Stigma** 2 (or 3)-lobed, and each lobe again (3–) 4 –5-lobulate。

第 60 个种，*Knema lenta* Warb. (1897)。叶片卵圆状长方形至线状披针形，最宽处在叶片中部偏上或偏下，叶基部近圆钝至长楔形，长 8~24cm，宽 2~8cm；花序梗无或极短，径 0.5~3mm，单一或分叉；雄花小苞片较小，早晚脱落，着生于小花梗中上部；花被内面微红色；雄蕊盘平；花药（8~）9~16 枚，半无柄至明显有柄；雌花小苞片早落，着生于小花梗中上部；柱头 2（~3）裂，每裂片再多数浅裂。将原文摘录为：**leaf blade** (ovate-)oblong to lanceolate-linear, broadest above to below the middle, base subobtuse to long-attenuate; **Inflorescences** sessile or usually peduncled for 0.5-3mm, simple or forked; **Male flower**, the bracteole minute, early to late caducous, at or above halfway; **Perianth**, inside reddish; **Stminal disc** flat; anthers (8–) 9–16, half-sessile to distinctly stiped; **Female flower**, the bracteole caducous, at or above halfway；**Stigma** 2(or 3)-lobed and each lobe shallowly many-lobulate.

第 71 个种，*Knema cinerea* (Poir.) Warb. (1897)。文中没有记录形态特征的描述。记录了 "This species agrees with Sinclair's *K. cinerea* var. *cinerea*."

综合文献，实际上这 5 个种的叶形（形态和大小）总体上是相同的变异。有些形态上记录相互矛盾或模糊不清，例如，关于假广子花药柄的有无，《云南植物志》记为假广子"有柄"，而《中国植物志》则记为"无柄"；在《Flora of China》和 de Wilde 的文献中，分别记录为 "anthers sessile；nearly stalked；half-sessile to almost stiped；half-sessile；half-sessile to distinctly stiped"。小苞片着生于小花梗的中部偏上偏下和柱头 2 裂的特征是共性，每裂片再分裂的片数和深浅则是连续变异的性状。这几个貌似有区别的形态特征，实际上是连续的不稳定的变异，可以认为这几个种没有实质性区别。

10.3 中国野生生活植株的形态比较

本课题组于 2014—2023 年进行野外调查和形态记录，注重"生长动态""株内变异"和"株间变异"的观察，实际上所找到的"符合条件"的狭叶红光树植株极少，因为雌花特征不容易观察到。

关于叶形：叶片被毛情况实际上没有区别，皆为幼时被毛，老时渐无毛。假广子长方状披针形或卵状披针形至线状披针形，稀长圆形或狭椭圆形，两侧边缘近平行；狭叶红光树为长圆状披针形或狭椭圆形，两侧边缘近平行。也就是说，狭叶红光树叶形变异在假广子的变异幅度之内（图 3-72、图 3-73、图 3-74、图 3-82、图 3-83）。

关于花序：整个花序被褐色毛，小花梗着生于瘤状总梗上，这是普遍现象，属于共性。关于小苞片着生位置，包括雄花和雌花，两个种都呈从下至上的株内变异（图 3-68、图 3-69、图 3-79），没有分类学价值。

关于雄花：雄花未开放时呈倒卵球形，或倒三棱状球形（图 3-69、图 3-71、图 3-79、图 3-81），这是共性；雄蕊盘呈钝三角形或三角状圆形，这是共同特征（图 3-70、图 3-81）；在雄花成熟开放过程中，雄蕊盘下陷与否是一个动态过程，没有分类学价值。花药数变异较大，狭叶红光树的变幅在假广子的变幅之内。

关于雌花：雌花未开放时呈短棒形，上部较大，中部稍微收缩（图 3-68、图 3-79、图 3-80），这是共性。子房被毛，柱头 2 裂是共同性状。柱头的每个裂片再次分裂的多少和深浅是变异的性状，而且是株内变异，加之柱头极短，区分不易，用处不大。

10.4 分子遗传学的比较

根据本书第 4 章全基因组 AFLP 分析结果，采自西双版纳热带植物园内的狭叶红光树与勐海西定高海拔地区野生假广子的遗传差异较大（当地野生植株都鉴定为假广子）。狭叶红光树与假广子的关系"悬而未决"。

根据本书第 5 章叶绿体基因组数据，采自勐海县西定乡海拔 1 600 m 的假广子与采自西双版纳热带植物园的这份狭叶红光树的叶绿体基因序列相似度极高，聚类分析结果聚为 1 小枝（图 5-17 至图 5-20）。根据《中国植物志》国产狭叶红光树的"外形近似假广子"的记录，结合叶绿体基因组序列比对，支持合并。

10.5 小结

本课题组根据"柱头 2 裂，每裂片 3~4 浅裂"的区别点，采集了狭叶红光树（吴裕，2019），其叶绿体基因组序列与假广子极相似，而且叶形变异包含于假广子变幅之内。而且叶形符合"长方状披针形或线状披针形"的植株混杂于假广子居群内，本课题组只找到很少的植株。由此可判定澜沧江流域野生的狭叶红光树实际就是假广子的变异类型，属于居群内普通变异体。

根据 de Wilde（1979）的记录，*K. andamanica* 分布于安达曼群岛、尼科巴岛、泰国半岛、马来亚岛北部、苏门达腊岛北部；*K. elegans* 分布于泰国、柬埔寨、越南；*K. erratica* 分布于印度、孟加拉国、缅甸、中国、老挝、越南；*K. lenta* 分布于东南亚、孟加拉国、缅甸、泰国、越南；*K. cinerea* 分布印度尼西亚、菲律宾。

另外，根据 de Wilde（1979）的记录，*K. andamanica* 由 *K. glauca* Bl. var. *andamanica* Warb. 而来，而且与 *K. lenta* 相似；一部分 *K. cinerea* var. *andamanica* 标本被归并入 *K. conica* W. J. de Wilde（1979）；另一部分则升为种 *K. andamanica*。

结论：根据上述 5 个种的地理分布，*K. erratica* 分布范围最广，而 *K. andamanica* 和 *K. cinerea* 位于分布区边缘岛屿。结合分子遗传学数据的相似性，以及形态变异的包含与被包含的关系，判定澜沧江流域的"狭叶红光树"属于"假广子"的居群内变异体。因此，将两种合并，采用"假广子 *K. erratica* (Hook. f. & Th.) Sinclair (1855)"的名称，"狭叶红光树"的名称予以取消。因为没有见到 *K. andamanica*、*K. elegans*、*K. lenta* 和 *K. cinerea* 的国外植株或标本，不再讨论。

参考文献

王文采，刘冰，2016. 中国高等植物彩色图鉴（第 3 卷）[M]. 北京：科学出版社.

吴裕，段安安，2019. 特殊油料树种琴叶风吹楠遗传多样性及分类学位置 [M]. 北京：中国农业科学技术出版社.

叶脉，2004. 中国肉豆蔻科植物分类研究 [D]. 广州：华南农业大学.

云南省植物研究所，1977. 云南植物志（第 1 卷）[M]. 北京：科学出版社.

中国植物志编辑委员会，1979. 中国植物志（第 30 卷第 2 分册）[M]. 北京：科学出版社.

de Wilde W J J O, 1979. New account of the genus *Knema* (Myristicaceae)[J]. Blumea, 25: 321-478.

Wu Z Y, Raven P H, Hong D Y, 2008. Flora of China (Vol. 7)[M]. BeiJing: Science Press.

第**11**章

存疑种密花红光树的讨论

11.1 引言

　　《云南植物志》没有记录密花红光树；《中国植物志》记录我国野生的密花红光树（*Knema conferta*）分布于云南省沧源县；《Flora of China》记录为密花红光树（*K. tonkinensis*）分布于云南省沧源县；《中国高等植物彩色图鉴》没有记录该种。于 2004 年出版的"中国南滚河国家级自然保护区"的科学考察报告记录了较细致的分布范围（杨宇明，2004），该保护区管护局赵金超高级工程师当年参加科学考察工作。本课题组在赵金超的带领下于 2016—2023 年开展调查和采样，分别于南滚河北岸海拔 800 m 左右沟谷（南朗村）、南滚河南岸海拔 800 m 左右山坡（芒库村），以及南滚河红卫桥附近海拔 600~900 m 河谷及山坡地采集到雌花枝、未成熟的果枝，以及成熟自然脱落的果实和种子。

　　虽然在本书中采用了"密花红光树（*K. tonkinensis*）"这个名称，但是疑点重重。本章将这些疑点提出来，作为资料积累，给后来的研究者提供参考。

11.2 文献追溯

　　于 1979 年出版的《中国植物志》记录密花红光树 *Knema conferta* (Lam.) Warb. (1897) 为叶长圆状披针形或狭椭圆形，两侧边缘近平行，长 13~24 cm，先端锐尖，短渐尖，稀渐尖，基部宽楔形至近圆形，密被短的灰褐色星状绒毛，老时渐脱落甚至近无毛。花未见。果椭圆形，长 3.5~4 cm，两端钝，顶具微小突尖，基部环状花被管基宿存，外面密被锈色分叉的长绒毛，老时渐脱落，假种皮暗红色，先端撕裂。末尾补充记录:"本种除花未见以外,各部特征均与原描述和马来半岛的标本基本相符,仅毛被稍有差异,由于未见到花,暂将国产的标本归入此种内,待今后进一步补充订证。"

于 2004 年毕业的硕士研究生叶脉,在其学位论文《中国肉豆蔻科植物分类研究》中除了记录"密花红光树 *K. conferta*"的树、叶、果以外,还记录了花的特征:雄花卵形,长 2~4 mm,簇生于瘤状总梗上,总状花序,花梗 3~5 mm,小苞片着生于花梗中部或花被基部,花被裂片 3,花药 15~20 枚,具柄;雌花球形,径约 4 mm,花梗极短,小苞片着生于花梗中部位置,花被 3 裂,子房上位,近球形,径约 3 mm,外被褐色毛,柱头 3 裂。引证标本为中国科学院西双版纳热带植物园标本馆"李延辉 12375"、中国科学院华南植物园标本馆"李延辉 11796"和"李延辉 11866",另外包括 4 份国外标本。

于 2008 年出版的《Flora of China》记录密花红光树 *K. tonkinensis* (Warburg) W. J. de Wilde 的树型和叶形特征与《中国植物志》的相同。记录雄花序特征为:花序总梗长 1~6 mm,有花 2~10 朵;小花梗 6~10 mm,小苞片着生于近中部,花被(未开放)倒卵球形,长约 5.5 mm,宽约 3.5 mm,花被 3~4 裂;雄蕊盘圆形或钝三角形,近于平,雄蕊约 10 枚(未述及被毛情况)。雌花未见。文末还补充记录:本种在《中国植物志》中错误地归入 *Knema conferta*,实际上 *K. conferta* 分布于印度尼西亚、马来西亚和新加坡。

根据以上这些文献,追溯了 de Wilde(1979)发表于 Blumea 的论文 "New Account of the Genus *Knema* (Myristicaceae)"。

第 11 个种 *K. tonkinensis* (Warb.) de Wilde 由 *K. conferta* Warb. var. *tonkinensis* Warb. (1897) 而来,叶长圆形至披针形,最宽处在近中部,叶基宽圆形至楔形,先端长锐尖至短渐尖;花序梗径 1~6 mm,单一,2~4 mm 长,着雄花 2~10 朵;花密被锈黄色树枝状绒毛,长 0.3~0.4 mm;雄花梗长 6~9 mm,小苞片很晚脱落,着生于小花梗中部;花被(未开放)倒卵形,内面微红色;雄蕊盘圆形,平至凹;花药 9 枚,半无柄。雌花未见。果实(Poilane 26936)椭圆形,两端钝,密被锈色绒毛。将原文摘录为:**leaf blade** oblong to lanceolate, broadest at about the middle, base broadly rounded to attenuate, top long-acute or faintly acuminate; **Inflorescences** peduncled for 1–6 mm, simple, 2–4 mm long, 2–10 -flowers in male; flowers with dense yellowish-rusty tomentum of dendroid hairs 0.3–0.4mm long; **Male flower** pedicels 6–9 mm, the bracteole subpersistent, situated at about the middle; **Perianth** in bud obovoid, inside reddish; **Stamina disc** incl. anthers circular, flat to concave; **Anthers** 9, half-sessile. **Female flowers** not seen. **Fruits** (*Poilane 26936*), ellipsoid, top and base obtuse, densely rusty tomentose.

　　de Wilde（1979）补充记录：*K. tonkinensis* 与 *K. elegans* 是相似种；当时 *K. conferta* Warb. var. *tonkinensis* Warb. 有两份同型标本（syntype），其中 1 份（Balansa 4176）有雄花，另 1 份（Balansa 4199）有果，因为叶片的毛被有差异可区分，故选择有雄花的这份标本作为"后选模式标本（lectotype）"；另一份标本归并入 *K. petelotii*。*K. tonkinensis* 的果实形态根据标本"Poilane 26936"描述，那么"Balansa 4199"的果实形态特征呢？于是进一步查阅 *Knema petelotii*。

　　第 8 个种 *Knema petelotii* Merr., 其果实特征与 *K. tonkinensis* 的果实特征相同，其他形态特征也无明显差异。补充记录：*K. petelotii* 与 *K. tonkinensis* 相关密切；*K. petelotii* 曾被错误地作为 *K. globularia* 的异名处理。原文摘录为 "*K. petelotii* is closely related to *K. tonkinensis*；*K. petelotii* was by Sinclair erroneously placed in the synonymy of *K. globularia*"。

　　这里要特别说明的是：de Wilde 在地理分布中记了 *K. petelotii* 在中国云南屏边有分布，引证标本为 "CHINA. Yunnan: Ping-pien (Hsien dist.), H. T. Tsai 61533, 61638." 恰好这两份标本在叶脉（2004）的学位论文中作为小叶红光树 *K. globularia* 的引证标本，保存于中国科学院昆明植物研究所标本馆（蔡希陶 61638、61533）。

　　综合文献，先讨论有疑问的地方。叶脉作为李秉滔先生的研究生，在学位论文《中国肉豆蔻科植物分类研究》的前言中写到"在英文版中国植物志肉豆蔻科（Flora of China -Myristicaceae）尚未出版之前对国产肉豆蔻科植物进行系统分类学研究和修订具有一定的必要性。"可以说明叶脉的研究工作是为 Flora of China – Myristicaceae 的编写进行前期准备，叶脉描述了"密花红光树"的雄花和雌花，《Flora of China》却记为"Female flowers not known"。叶脉在论文摘要中写了"在中国肉豆蔻科主要产地云南南部西双纳地区作了野外调查"。那么叶脉引证的由李延辉采集的 3 份国内标本是否带花？是否调查了南滚河流域的野生植株？

　　既然 *K. tonkinensis* 由 *K. conferta* var. *tonkinensis* 而来，说明 *K. tonkinensis* 和 *K. conferta* 具有良好的相似性；de Wilde 从采自同一个地方的两份同型标本中选出带雄花的一份作为后选模式描述了一个种 *K. tonkinensis*，这个种的合理性和适用性在此不讨论。《中国植物志》由李延辉先生编写，《Flora of China》和《中国高等植物彩色图鉴》中的肉豆蔻科都由李秉滔先生编写，前后不同之处应该理解为李秉滔对前期工作进行修订，所以本书采纳李秉滔的处理，仍将中国南滚河流域野生的"密花红光树"归入 *K. tonkinensis* (Warb.) de Wilde（1979）。

11.3 中国野生生活植株的形态观察

本课题组于 2016—2023 年进行野外调查和形态记录，注重"株内变异"和"株间变异"的观察，实际上种群数量极少。

关于叶形：幼枝疏被灰褐色毛，幼枝总体上呈绿色。叶柄长约 1cm，被锈褐色毛；幼叶两面被锈褐色毛；叶长圆状披针形至狭椭圆形致倒披针形，最宽处在中上部，长 10~25 cm，宽 3~6 cm，基部楔形至近圆形，先端圆钝、渐尖至锐尖。这些特征与 de Wilde 的描述相同。

关于花序：花序生于叶腋或落叶之叶腋，总梗极短，小花梗长不足 1cm，花梗及花被绿色，疏被浅褐色毛，小苞片着生于小花梗下部至上部（株内变异）。相对而言，密花红光树的花序总体呈绿色（图 3-87 至图 3-91），而同属其他几种都是明显的锈褐色。《中国植物志》记录其他几个种的毛都是"密被"，而本种是"花未见"。在 de Wilde 的文献中，对本种花序的毛被用"with dense yellowish-rusty"来形容，其他几个种都没有"dense"这个词。也就是说，密花红光树花序的毛被比其他几个种的更密，更应该表现为锈黄色，而野生植株的表现却恰好相反。

关于雄花：雄花（未开放）倒卵球形，长约 5 mm，中部略收缩，花被 3 裂，内侧肥厚，淡黄色；雄蕊柱白色，下部略收小；雄蕊盘三角状圆形，上面暗红色，宽约 5 mm；花药 9~12 枚，彼此分离（观察到雄蕊数 9~12 枚，可能还有更多或更少）。

关于雌花：雌花（未开放）椭球形，长约 5 mm，花被 3 裂，裂片先端具内向钩，内侧肥厚，淡黄色；子房被紫褐色毛，花柱绿色，柱头 2 裂，稀 3 至多裂（株内变异）。这些特征与叶脉（2004）的记录差异较大，其他几个文献没有记录。

关于果实：果实两端圆钝，顶具微小突尖，基部环状花被管基宿存，外面密被锈色分叉的长绒毛。这个特征与这些文献记录相同。

11.4 小结

总结前述这些文献，问题多多，摘其要点。第一，de Wilde 对 *K. tonkinensis* 的原始描述为雌花未见,《中国植物志》和《Flora of China》也描述为雌花未见;第二,原始描述为雄花序密被锈褐色毛,实际上南滚河流域的植株雄花序和雌花序都明显绿色,毛被不如其他几个种的密。云南野生的这几个种,花序毛被在雌雄花序间没有差异。南滚河流域野生的"密花红光树"归入 *K. tonkinensis* 的合理性是一个值得再研究的问题。

进一步查阅 de Wilde（1979）的文献,发现南滚河流域的植株特征似乎更符合第 33 种 *Knema globulatericia* de Wilde (1979), *sp. nov.* 的描述,很遗憾的是该文献没有描述果实的特征。现将 *Knema globulatericia* 的原始描述誊抄附于本文后面,以供后来的研究者参考。

参考文献

杨宇明,杜凡,2004. 中国南滚河国家级自然保护区 [M]. 昆明:云南科技出版社.

王文采,刘冰,2016. 中国高等植物彩色图鉴（第 3 卷）[M]. 北京:科学出版社.

叶脉,2004. 中国肉豆蔻科植物分类研究 [D]. 广州:华南农业大学.

云南省植物研究所,1977. 云南植物志（第 1 卷）[M]. 北京:科学出版社.

中国植物志编辑委员会,1979. 中国植物志（第 30 卷第 2 分册）[M]. 北京:科学出版社.

de Wilde W J J O, 1979. New account of the genus *Knema* (Myristicaceae)[J]. Blumea, 25: 321-478.

Wu Z Y, Raven P H, Hong D Y, 2008. Flora of China (Vol. 7)[M]. BeiJing: Science Press.

誊抄副本：BLUMEA，1979 年（25 卷）第 409 - 411 页

33. *Knema globulatericia* de Wilde (1979), *sp. nov.*

Tree 5–12 m. ***Twigs*** slender, in apical portion subterete or faintly 2–3-angular, finely striate, 1.5–3 mm diam., early glabrescent from brown tomentum composed of hairs *c.* 0.3–0.5 mm long, ***bark*** lower down not tending to crack or flake. ***Leaves*** membranous to thinly coriaceous; above greenish-brown to dark brown; on lower surface early glabrescent from grey-brown woolly tomentum, grayish to pale brown, minutely papillate (lens, × 30); ***blade*** oblong to lanceolate, broadest usually at or somewhat above the middle, 13–30 × 2.5–8 cm, top acute-acuminate, base attenuate to ± rounded; ***midrib*** raised above, sometimes flattish in the basal part; nerves 15–25 pairs, thin and faint, flat or but slightly raised above; tertiary venation forming a rather coarse network, not very distinct above; ***petiole*** 8–16 × 1.5–3 mm. ***Inflorescences*** sessile, simple or knobby, up to 5 mm long, 5–25-flowered in male, 3–10(?)-flowered in female; flowers with pale brown to rusty tomentum composed of hairs 0.2–0.5 mm long. ***Male flower*** pedicels 4–6 mm long, the bracteole caducous, above the middle or usually apical; ***perianth*** in bud depressed obovoid-globose, at base attenuate or tapering, c.4–5 × 4–5mm, inside pinkish, sometimes finely warty; valves 3, at sutures 0.3–0.6 mm thick, splitting the bud to c. halfway or up to 3/4; ***staminal disc*** incl. anthers circular or faintly trigonous, 1.5–2.5 mm diam., flat; ***anthers*** 9–14, oblique to sub-erect, c. 0.5–0.7 mm, subsessile or just stiped, not touching each other; stamina column slightly tapering to the base, 1.5–2 mm long. ***Female flower*** pedicels 1.5–4.5 mm long, the bracteole apical or subapical; ***perianth*** in bud ovoid to ellipsoid, 4–5 × 2.5–3.5 mm; valves 3,splitting the bud to c. halfway; pistil 3–4 mm long; ovary subglobose, 1.5–2 mm diam.; style 0.7–1 mm long; ***stigma*** 2-lobed and each lobe again (3–)4–7-lobulate. ***Fruits*** not seen.

Distribution: SE. and SW. Thailand (not in Peninsular).

第**12**章

大叶风吹楠与风吹楠的分类学比较

12.1　引言

　　我国的海南风吹楠（*Horsfieldia hainanensis*）和滇南风吹楠（*H. tetratepala*）归并入大叶风吹楠（*H. kingii*）的处理得到诸多研究支持，但是也存在诸多争议；我国野生的风吹楠作为一个种是肯定的，但应归入 *H. amygdalina* 或是 *H. glabra*，则有些不确定。

　　大叶风吹楠和风吹楠看上去容易识别，但要用文字描述两者的间断性差别还有些不容易。本章依据文献记录和本课题组的调查研究，给予分析和介绍。

12.2　大叶风吹楠文献追溯

　　Myristica kingii Hook. f. 于 1886 年发表，之后于 1897 年被移入到风吹楠属（*Horsfieldia*），命名为 *H. kingii*（Hook. f.）Warb.，中文译名为"大叶风吹楠"。海南风吹楠（*H. hainanensis* Merr.）于 1932 年发表，于 1975 年被 J. Sinclair 并入大叶风吹楠（*H. kingii*）发表于 "Gardens' Bulletin Singapore"，de Wilde（1984）接受合并的处理。吴征镒于 1957 年发表了滇南风吹楠（*H. tetratepala* C. Y. Wu）被 de Wilde（1984）归并入 *H. kingii*。

　　在 1977 年出版的《云南植物志》第一卷中记录滇南风吹楠（*H. tetratepala*）为云南特有种，分布于勐腊、景洪、金平、河口等地海拔 300~650 m 沟谷密林，模式采自红河流域的河口小南溪；大叶风吹楠（*H. kingii*）分布于景洪、沧源、盈江、瑞丽、龙陵等地，海拔 800~1 200 m 沟谷密林中。在 1979 年出版的《中国植物志》第三十卷第二分册中，李延辉先生除了记录滇南风吹楠和大叶风吹楠外，还记录了海南风吹楠（*H. hainanensis*）分布于海南和广西海拔 400~450 m 的山谷、丘陵阴湿的密林中，因为小枝明显有皮孔，以区别于大叶风吹楠，故不承认 J. Sinclair 于 1975 年的归并处理。

李秉滔的学生叶脉（2004）在硕士学位论文中将海南风吹楠和滇南风吹楠归并入大叶风吹楠。在 2008 年出版的《Flora of China》(Vol. 7) 中，李秉滔沿用此处理（Wu，2008）。在 2016 年出版的《中国高等植物彩色图鉴》中，李秉滔同时收录了海南风吹楠和大叶风吹楠，其中海南风吹楠分布于海南和广西海拔 400~450 m 的山谷密林中，大叶风吹楠分布于云南、广西和海南海拔 800~1 200 m 的沟谷密林中（王文采，2016）。也就是说，李秉滔对自己 2008 年的处理进行了修订，重新承认了海南风吹楠，而且与大叶风吹楠的水平分布在海南和广西重复，但海拔高度上间断。根据钟圣赟（2018）的调查，海南风吹楠在海南岛的五指山、白沙县、乐东县和昌江县等地区海拔 900~1 000 m 常见野生，海拔 1 000 m 以上也有分布；据蒋迎红（2018）的博士论文，海南风吹楠在云南盈江县和勐腊县有分布，但是在伴生树种记录中没有见到大叶风吹楠或滇南风吹楠。蔡超男认为滇南风吹楠在广西有分布，而且从云南和广西采集分子样进行叶绿体基因测序分析，结果表明采自广西的 1 个海南风吹楠样品与滇南风吹楠聚为 1 小枝，却没有在国内采集到符合大叶风吹楠特征的样品（Cai，2021a）；全基因组遗传多样性分析结果表明，居群内变异大于居群间变异，总体上遗传多样性水平较低，广西种群和云南种群存在一定程度的遗传分化但界线不清晰，还存在基因交流，推测可能是居群隔离的时间不够长，如果继续保持隔离，可能就会产生更高的遗传分化（Cai，2021a，2021b，2022）。

根据这些文献记录，矛盾很多，可总结为：滇南风吹楠（*H. tetratepala*）与海南风吹楠（*H. hainanensis*）相等；滇南风吹楠（*H. tetratepala*）并入大叶风吹楠（*H. kingii*）没见提出异议；海南风吹楠（*H. hainanensis*）与大叶风吹楠（*H. kingii*）的关系是"分也分不得，合也合不得"。

12.3 大叶风吹楠野外调查及对比分析

本课题组野外调查，滇南风吹楠和大叶风吹楠不能区分。根据《中国植物志》检索表，滇南风吹楠"小枝皮孔显著"，大叶风吹楠"小枝无皮孔"，但在正文描述中分别记为"皮孔显著"和"疏生长椭圆形小皮孔"。调查中发现小枝或多或少都有皮孔，没有明显区别。继续对比文本的描述，果柄都有宿存的花被片。至于宿存的花被片是否肥厚，是否规则，这是变异的性状，没有分类学价值。本课题组在采样的过程中，有意识采集了前人标记好的"滇南风吹楠"和"大叶风吹楠"样品，种子油脂化学和分子遗传学分析表明，它们都完全混合，不能区分。支持 de Wilde 的合并处理。

在《中国植物志》中，以海南风吹楠小枝明显具皮孔的性状区别于大叶风吹楠的观点不成立，因为《中国植物志》的形态描述为全部都有皮孔，本课题组调查也全部都有皮孔；再以幼叶背面密被锈色毛以区别于大叶风吹楠的观点也不成立，因为云南分布的植株普遍幼叶和嫩枝被锈色毛。蒋迎红（2018）的调查认为海南风吹楠在云南盈江和勐腊有分布，但伴生树种中未记录大叶风吹楠和滇南风吹楠；蔡超男在广西和云南采到滇南风吹楠，却始终没采到大叶风吹楠，推测我国可能没有大叶风吹楠的野生分布（suggesting that if *H. kingii* does occur in China），而且指出聚类图中与琴叶风吹楠聚为一枝的 2 份 *H. kingii* 样品应该属于鉴定错误（Cai，2021a，2021b，2022）。本课题组从广西采集到样品通过油脂化学分析和分子遗传学分析，判定它们为同一个种（吴裕，2015，2019）。

关于花药数量，在 de Wilde（1984）的文献中，大叶风吹楠花药数记录为"anthers (12-)14-16(-20)"；根据《中国植物志》的记录，大叶风吹楠花药 12 枚，海南风吹楠和滇南风吹楠均为 20 枚；在《Flora of China》中大叶风吹楠记为"anthers 12-20"。据本课题组调查，花药数是一个株内变异性状（图 3-133），没有分类学价值。

综上所述，我国的滇南风吹楠（*H. tetratepala*）和海南风吹楠（*H. hainanensis*）实际上就是大叶风吹楠（*H. kingii*）分布区北部边缘的"隔离边界居群"。云南种群和广西种群因为大陆相连，存在基因交流，两者遗传差异不明显；海南种群由于受琼州海峡隔离，基本阻断了与广西种群的基因交流，遗传差异相对较大。

12.4   风吹楠文献追溯与处理依据

Myristica amygdalina Wall. 于 1830 年发表，于 1897 年被移入风吹楠属命名为 *H. amygdalina* (Wall.) Warb.，应用至今。

在《云南植物志》第一卷中记为风吹楠（*H. amygdalina*）；在 1979 年出版的《中国植物志》第三十卷第二分册中，李延辉先生记为风吹楠（*H. glabra*）；在 2008 年出版的《Flora of China》（Vol. 7）中，李秉滔记为 *H. amygdalina*；在 2016

年出版《中国高等植物彩色图鉴》第 3 卷中，李秉滔记为风吹楠（*H. amygdalina*）。

查阅 de Wilde（1984；1986）的文献，第 5 种 *H. amygdalina* 分在第 9 群（Group），第 100 种 *H. glabra* 分在第 23 群，它们都归为第 3 组（Section）。这两个群相近，区别点在于叶背面是否具有疣点。原文记录为 "Group 9 clearly links up with the *H. glabra-group* (sp. 97-100) because of the largely identical construction of the male flowers, and the phylloraxis which is either distichous or dispersed, but differs in the absence of cork warts on the lower leaf surface."

在 *H. glabra* 的记录中，描述为叶背面具有较大的疣点（larger dots，not dashes），这是区别于 *H. amygdalina* 的特征。而且补充记录 "In *H. glabra* the lower leaf surface is always coarsely punctate with dark brown non-traumatic cork warts, a character which was regarded by Sinclair as exclusive for the related *H. punctatifolia* and which it resembles vegetatively."

根据上述理由，de Wilde（1984；1986）把《中国植物志》记录的风吹楠（*H. glabra*）并入了 *H. amygdalina*；李秉滔一直接受风吹楠（*H. amygdalina*）这个名称。本课题组多年调查，也未发现国内植株叶片具有疣点的现象，故支持 de Wilde 和李秉滔的处理：采用风吹楠（*H. amygdalina*）这个名称。

12.5 大叶风吹楠与风吹楠的区别与联系

de Wilde（1984）将风吹楠属的 100 个种分为 3 个组 23 个群，其中 *H. kingii* 和 *H. amygdalina* 分在第 3 组第 9 群，说明这两个种的相似程度比较高。在分群描述中，记录为因大叶风吹楠的雄花被有毛和花被 4 裂容易区分（*H. kingii* is readily distinguished by its pubescent, 4-valved male perianth.），实际上在第 2 个种 *H. kingii* 的描述中，雄花被的裂数却是 2~5，原文记为 "Flowers in male 2- or usually 3- 4- (or 5-) valved"。也就是说，通过花被裂片数在群内分种不可行。

根据 *H. kingii* 和 *H. amygdalina* 的描述，有效的区别点在于 *H. kingii* 花序多毛，花被多毛，子房多毛，果柄具宿存花被片（图 3-129、图 3-130、图 3-133、图 3-134、图 3-135）；*H. amygdalina* 花序具极少的毛，花被无毛，子房无毛，果柄无宿存花被片（图 3-149、图 3-150、图 3-153、图 3-154、图 3-155、图 3-160、图 3-161）。本课题组观察结果与 de Wilde 的描述相同。

在地理分布上两个种重复，都分布在印度、尼泊尔，直至中南半岛一带；云南的南汀河流域、南滚河流域、澜沧江流域、红河流域，海南岛和广西都有分布。

总体上看，云南野生的风吹楠叶小、果小、树小，分布海拔较高，常在山脊和山坡地；相对而言，大叶风吹楠叶大、果大、树大，分布海拔较低，常在沟谷和低洼地。这两个种的分布现状表现出"垂直替代种"的特征。

参考文献

蒋迎红，2018. 极小种群海南风吹楠生态学特性及濒危成因分析 [D]. 长沙：中南林业科技大学.

王文采，刘冰，2016. 中国高等植物彩色图鉴（第 3 卷）[M]. 北京：科学出版社.

吴裕，段安安，2019. 特殊油料树种琴叶风吹楠遗传多样性及分类学位置 [M]. 北京：中国农业科学技术出版社.

吴裕，毛常丽，张凤良，等，2015. 琴叶风吹楠（肉豆蔻科）分类学位置再研究 [J]. 植物研究，35（5）：652-659.

叶脉，2004. 中国肉豆蔻科植物分类研究 [D]. 广州：华南农业大学.

云南省植物研究所，1977. 云南植物志（第 1 卷）[M]. 北京：科学出版社.

中国植物志编辑委员会，1979. 中国植物志（第 30 卷第 2 分册）[M]. 北京：科学出版社.

钟圣赟，陈国德，邱明红，2018. 海南风吹楠在海南岛的地理分布与生境特征 [J]. 福建农林科技，45（1）：82-86，106.

Cai C N, Ma H, Ci X Q, et al., 2021a. Comparative phylogenetic analyses of Chinese *Horsfieldia* (Myristicaceae) using complete chloroplast genome sequences[J]. Journal of Systematics and Evolution, 59(3): 504-514 (doi:10.1111/jse.12556).

Cai C N, Xiao J H, Ci X Q, et al., 2021b. Genetic diversity of *Horsfieldia tetratepala* (Myristicaceae), an endangered plant species with extremely small populations to China: implications for its conservation[J]. Plant Systematics and Evolution, 307(4): 50 (doi.org/10.1007/s00606-021-01774-z).

Cai C N, Zhang X Y, Zha J J, et al., 2022. Predicting climate change impacts on the rare and endangered *Horsfieldia tetratepala* in China[J]. Forests, 13(7): 1051 (doi.org/10.3390/f13071051).

de Wilde W J J O, 1984. A new account of the genus *Horsfieldia* (Myristicaceae), *Pt1* [J]. Gardens' Bulletin Singapore. 37(2): 115-179.

de Wilde W J J O, 1986. A new account of the genus *Horsfieldia* (Myristicaceae), *Pt4* [J]. Gardens' Bulletin Singapore. 39(1): 1-65.

Wu Z Y, Raven P H, Hong D Y, 2008. Flora of China (Vol. 7)[M]. BeiJing: Science Press.

第13章

中国野生肉豆蔻科的保护建议

13.1　引言

　　肉豆蔻科在我国的分布已是北部边缘，分布区破碎，种群数量少，而且我国野生分布的 8 个种在国外都有分布，无特有种。从物种保护的角度看，保护的重点应该着眼于多样性中心或分布中心，至少是分布的集中区；但是，处于分布边缘的居群具有特殊的遗传变异，是整个物种遗传变异的重要组成部分，保护生物学家尤其重视这些资源的保护（Thompson，2010；Richard B. Primack，2014）。从资源利用的角度看，这些边界居群是适应我国环境气候的变异类型，是不可多得的种质资源。

　　在国务院 2021 年 8 月 7 日批准后，国家林业和草原局及农业农村部于 2021 年 9 月 7 日发布第 15 号公告，公开了国家重点保护的野生植物，其中包括风吹楠属的所有种（含云南内毛楠）和云南肉豆蔻，红光树属未列入该名录。本章对我国的保护行动进行简要介绍，并提出保护建议。

13.2　在政府层面

　　国家林业局于 2010 年提出"极小种群"的概念；于 2012 年发布《全国极小种群野生植物拯救保护工程规划（2011—2015 年）》；于 2021 年发布《国家重点保护野生植物名录》将风吹楠属（*Horsfieldia* spp.）和云南肉豆蔻（*Myristic yunnanensis*）列为二级保护。

　　云南省政府 2010 年批准实施《云南省极小种群物种拯救保护规划纲要

（2010—2020 年）》和《云南省极小种群物种拯救保护紧急行动计划（2011—2015年）》；于 2022 年发布的《云南省极小种群野生植物保护名录》将云南肉豆蔻和滇南风吹楠（*Horsfieldia tetratepala*）列入二级保护。

根据诸多文件总结，这里的风吹楠属（*Horsfieldia*）实际上包括大叶风吹楠（*Horsfieldia kingii*）、风吹楠（*Horsfieldia amygdalina*）和云南内毛楠（*Endocomia macrocoma* ssp. *prainii*）。其中大叶风吹楠又包括了海南风吹楠（*H. hainanensis*）和滇南风吹楠（*H. tetratepala*）。

13.3 在学术层面

《中国植物红皮书》和《中国物种红色名录》将肉豆蔻科一些种列入保护名录（傅立国，1991；汪松，2004）；依据"极小种群"的概念，考虑生物因素、环境因素和人为因素，制定了评价指标体系（国政，2013）；《云南省极小种群野生植物研究与保护》列入了大叶风吹楠和云南肉豆蔻，而且建立起一套相对完善而实用的保护理论（孙卫邦，2019；许玥，2022）。

关于云南肉豆蔻的保护。据研究报道，在勐腊县望天树景区和南沙河流域，温热多湿，物种多样性丰富的雨林中，属于优势种之一，但是种群"老龄化"严重，种群死亡率大于出生率，种群数量趋于减少，处于衰退状态（许林红，2017a，2017b）；云南省林业和草原科学院热带林业研究所（景洪普文）播种育苗试验表明，苗木生长良好，雨季长得快，旱季长得慢（刘际梅，2018），而且营建种群开展实质性保护工作。

关于滇南风吹楠的保护。云南省林业和草原科学院热带林业研究所已经行动起来，本课题组于 2022 年提供了一些苗木支持。鉴于肉豆蔻科植物苗木移栽不易成活的客观现实，科技人员采用盆栽育苗后，实施大苗定植造林，而且对盆栽育苗的基质配方开展了试验研究（钟萍，2018）。

关于海南风吹楠的保护。研究表明，海南风吹楠在五指山、白沙县、乐东县和昌江县等地区海拔 900~1 000 m 常见野生，海拔 1 000 m 以上也有分布；广西宁明、龙州、大新、凭祥也有野生分布（蒋迎红，2016，2017，2018a；钟圣赟，2018）；蔡超男（2021）从海南岛采集 5 个居群分析表明遗传距离与地理距离有相关性（$R=0.733$，$P<0.075$）。蒋迎红（2016，2017，2018a，2018b）调查表明，在天然林内，海南风吹楠种子较多，萌发率不低，幼苗不少，但长成小树困难，种间

竞争能力较弱，是导致濒危的原因之一；通过营养器官解剖结构分析，海南风吹楠是喜光植物，具一定耐阴耐旱能力。付晓凤（2018）在广西开展施肥试验，王鑫（2012）和吴海霞（2021）对 3 年生苗的试验测定表明，在海南五指山地区和枫木地区，海拔 600 m 以下，郁闭度为 0.3~0.8 条件下有利于海南风吹楠回归种植。

13.4 进展小结与保护建议

分类学研究表明，海南风吹楠和滇南风吹楠属于大叶风吹楠的地理类型，所以在海南、广西和云南开展的保护实际上就是保护了大叶风吹楠的不同地理变异。在云南针对滇南风吹楠和云南肉豆蔻营建种群进行实质性的人工辅助保护，但是未见报道有关导致濒危的自身生物因素和环境因素，以及搜集特殊变异类型的集中保存。

依据政府部门的指导，滇南风吹楠、海南风吹楠、云南肉豆蔻都列入极小种群物种名录，率先开展了保护工作，但是云南内毛楠和风吹楠因为没有列入极小种群，保护行动迟迟未见开展。从资源的经济利用方面考虑，云南内毛楠和风吹楠是最值得保护的两个物种，主要是结果量大，种子含油量高，种子油脂肪酸以十四碳酸为主，具有重要的工业应用价值。特别是风吹楠这个种因为具有良好的耐干旱能力，在产业化种植利用时可以有效降低因干旱带来的风险。

建议加强保护生物学的研究，以认识导致该类植物种群数量锐减的原因，包括物种自身的原因、环境变迁、人为破坏等。据本课题组多次野外调查和育苗工作的认识，尽管种子的萌发和苗木生长存在这样或那样的问题，但是总体说来植株开花结实正常，种子萌发率高，长成幼苗容易，在苗圃地不受环境胁迫和其他生物因素危害的情况下容易长成小树和大树；但是在野外生境中，幼苗总是长不成小树，表现为前述的种群"老龄化"现象。但是幼苗"夭折"的原因需要研究，以便制定有针对性的保护策略。

建议加强人工辅助保护，加强分布区边缘的遗传分化和适应性变异的研究，搜集多种变异类型在适宜的地区营建混合种群，丰富种群的遗传多样性，增加环境适应的多态性，同时为开展资源利用提供物质基础。另一方面，在有野生分布的区域，实施人工辅助，包括播种、清理杂草等工作，通过几年时间使幼苗长成小树，以扩大有效的种群数量。

参考文献

蔡超男，侯勤曦，慈秀芹，等，2021. 极小种群野生植物海南风吹楠的遗传多样性研究 [J]. 热带
　　亚热带植物学报，29（5）：547-555.

傅立国，金鉴明，1991. 中国植物红皮书（第一册）[M]. 北京：科学出版社 .

付晓凤，王莉姗，朱原，等，2018. 不同施肥处理对海南风吹楠幼苗生长及生理特性影响 [J]. 植
　　物科学学报，36（2）：273-281.

国政，臧润国，2013. 中国极小种群野生植物濒危程度评价指标体系 [J]. 林业科学，49（6）：10-17.

蒋迎红，2018a. 极小种群海南风吹楠生态学特性及濒危成因分析 [D]. 长沙：中南林业科技大学 .

蒋迎红，刘雄盛，蒋燚，等，2018b. 濒危植物海南风吹楠营养器官解剖结构特征 [J]. 广西植物，
　　38（7）：843-850.

蒋迎红，项文化，何应会，等，2017. 极小种群海南风吹楠种群的数量特征及动态 [J]. 中南林业
　　科技大学学报，37（8）：66-71，80.

蒋迎红，项文化，蒋燚，等，2016. 广西海南风吹楠群落区系组成、结构与特征 [J]. 北京林业大
　　学学报，38（1）：74-82.

刘际梅，徐玉梅，钟萍，等，2018. 云南肉豆蔻育种技术试验初报 [J]. 林业调查规划，43（5）：
　　188-191.

孙卫邦，杨静，刀志灵，2019. 云南省极小种群野生植物研究与保护 [M]. 北京：科学出版社：
　　136-137.

汪松，解焱，2004. 中国物种红色名录 [M]. 北京：高等教育出版社 .

王鑫，吴海霞，符溶，等，2021. 不同郁闭度和海拔高度对海南风吹楠叶片及生长指标的影响
　　[J]. 热带生物学报，12（4）：481-490.

吴海霞，杜尚嘉，符溶，等 . 2021. 海南省枫木地区海拔风吹楠的生长及光合特性 [J]. 热带农业
　　科学，41（6）：6-12.

许林红，陈显兵，赵永红，等，2017a. 云南肉豆蔻植物群落结构特征 [J]. 福建林业科技，44
　　（2）：100-104，112.

许林红，谭伸明，赵永红，等，2017b. 云南肉豆蔻植物种群结构及动态研究 [J]. 四川林业科学，
　　38（1）：11-15.

许玥，孙卫邦，2022. 中国极小种群野生植物保护理论与实践研究进展 [J]. 生物多样性，30
　　（10）：1-22.

钟萍，徐玉梅，杨德军，等，2018. 不同基质配方对滇南风吹楠容器苗生长的影响 [J]. 四川林业

科技，2018，39（4）：31-33.

钟圣赟，陈国德，邱明红，2018. 海南风吹楠在海南岛的地理分布与生境特征 [J]. 福建农林科技，45（1）：82-86，106.

Richard B. Primack，马克平，蒋志刚，2014. 保护生物学 [M]. 北京：科学出版社：34.（中文版）.

Thompson J D, Gaudeul M., Debussche M., 2010. Conservation value of site of hybridization in peripheral populations of rare plant species[J]. Conservation Biology, 24(1): 236-245.

附录 1　肉豆蔻科各属的“中文—拉丁文”对照

来源：摘自“多识植物百科”（2020 年 8 月查阅）

网址：http://duocet.ibiodiversity.net/index.php?title=%E8%82%89%E8%B1%

86%E8%94%BB%E7%A7%91

备注：肉豆蔻科的科下分类群中文名已得到多识团队的完全审定。

01 丽脉楠属 *Compsoneura* Warb.

*02 内毛楠属 *Endocomia* W. J. de Wilde

03 油脂楠属 (蔻木属)*Virola* Aubl.

04 苞序楠属 *Bicuiba* W. J. de Wilde

05 异株凉楠属 *Haematodendron* Capuron

06 臀果楠属 *Iryanthera* (A. DC.) Warb.

07 硬皮楠属 *Osteophloeum* Warb.

08 露药楠属 *Gymnacranthera* (A. DC.) Warb.

*09 风吹楠属 *Horsfieldia* Willd.

*10 红光树属 （争光木属） *Knema* Lour.

11 鱼香楠属 *Scyphocephalium* Warb.

*12 肉豆蔻属 *Myristica* Gronov.

13 豆蔻楠属 *Paramyristica* W. J. de Wilde

14 山油楠属 *Otoba* (A. DC.) H. Karst.

15 止血楠属 *Coelocaryon* Warb.

16 密花楠属 (丛花树属)*Pycnanthus* Warb.

17 单头楠属 *Staudtia* Warb.

18 锥头楠属 (球花肉豆蔻属) *Cephalosphaera* Warb.

19 疏花凉楠属 *Doyleanthus* Sauquet

20 凉脂楠属 *Brochoneura* Warb.

21 饰果楠属 *Mauloutchia* Warb.

附录 2　内毛楠属（*Endocomia* de Wilde）名录

*1　　　　*Endocomia macrocoma* (Miq.) de Wilde

subsp. *macrocoma*

subsp. *longipes* W. J. de Wilde

*subsp. *prainii* (King) de Wilde

2　　　　*Endocomia canarioides* (King) de Wilde

3　　　　*Endocomia rufirachis* (Sinclair) de Wilde

4　　　　*Endocomia virella* W. J. de Wilde

附录 3　红光树属（*Knema* Loureiro）名录

*1　*Knema linifolia* (Roxb.) Warb.

2　*Knema pierrei* Warb.

3　*Knema oblongifokia* (King) Warb.

4　*Knema conica* W. J. de Wilde

5　*Knema andamanica* (Warb.) de Wilde

　　　　　　　　subsp. *andamanica*

　　　　　　　　subsp. *nicobarica* (Warb.) de Wilde

6　*Knema mixta* W. J. dc Wilde

7　*Knema angustifolia* (Roxb.) Warb.

8　*Knema petelotii* Merr.

9　*Knema pseudolaurina* W. J. de Wilde

10　*Knema laurina* (Bl.) Warb.

　　　　　　　　var. *laurina*

　　　　　　　　var. *heteropilis* W. J. de Wilde

*11　*Knema tonkinensis* (Warb.) de Wilde

12　*Knema elmeri* Merr.

13　*Knema sericea* W. J. de Wilde

14　*Knema retusa* (King) Warb.

15　*Knema ashtonii* Sinclair

　　　　　　　　var. *ashtonii*

　　　　　　　　var. *cinnamomea* W. J. de Wilde

16　*Knema hookeriana* (Wall. ex Hook. f. & Th.) Warb.

*17　*Knema furfuracea* (Hook. f. & Th.) Warb.

18　*Knema lampongensis* W. J. de Wilde

19　*Knema lamellaria* W. J. de Wilde

20　*Knema pallens* W. J. de Wilde

21　*Knema psilantha* W. J. de Wilde

22　*Knema percoriacea* Sinclair

　　　　　　　　forma *percoriacea*

　　　　　　　　forma *sarawakensis* W. J. de Wilde

　　　　　　　　forma *fusca* W. J. de Wilde

　　　　　　　　forma *longepilosa* W. J. de Wilde

23   *Knema lunduensis* (Sinclair) de Wilde

24   *Knema latericia* Elmer

                 subsp. *latericia*

                 subsp. *ridleyi* (Gandoger) de Wilde

                 subsp. *albifolia* (Sinclair) de Wilde

25   *Knema rigidifolia* Sinclair

                 subsp. *rigidifolia*

                 subsp. *camerona* W. J. de Wilde

26   *Knema pulchra* (Miq.) Warb.

27   *Knema poriformis* W. J. de Wilde

  +1   *Knema steenisii* W. J. de Wilde

  +2   *Knema stylosa* (de Wilde) de Wilde

28   *Knema oblongata* Merr.

                 subsp. *oblongata*

                 subsp. *pedunculata* W. J. de Wilde

                 subsp. *parviflora* W. J. de Wilde

29   *Knema mandaharan* (Miq.) Warb.

*30   *Knema tenuinervia* W. J. de Wilde

                 subsp. *tenuinervia*

                 subsp. *kanburiensis* W. J. de Wilde

                 subsp. *setosa* W. J. de Wilde

31   *Knema poilanei* W. J. de Wilde

32   *Knema rufa* Warb.

33   *Knema globulatericia* W. J. de Wilde

*34   *Knema globularia* (Lamk.) Warb.

35   *Knema bengalensis* W. J. de Wilde

36   *Knema latifolia* Warb.

37   *Knema linguiformis* (Sinclair) de Wilde

  +1   *Knema viridis* W. J. de Wilde

38   *Knema curtisii* (King) Warb.

                 var. *curtisii*

                 var. *paludosa* Sinclair

                 var. *amoena* Sinclair

                 var. *arenosa* Sinclair

39   *Knema galeata* Sinclair

40   *Knema membranifolia* Hubert Winkler

41 *Knema mamillata* W. J. de wilde

42 *Knema plumulosa* Sinclair

43 *Knema intermedia* (Bl.) Warb.

44 *Knema uliginosa* Sinclair

45 *Knema korthalsii* Warb.

subsp. *korthalsii*

subsp. *rimosa* W. J. de Wilde

46 *Knema woodii* Sinclair

47 *Knema pectinata* Warb.

48 *Knema scortechinii* (King) Sinclair

*49 *Knema elegans* Warb.

50 *Knema pachycarpa* W. J. de Wilde

51 *Knema tridactyla* Airy Shaw

var. *tridactyla*

var. *sublaevis* W. J. de Wilde

52 *Knema stenocarpa* Warb.

53 *Knema alvarezii* Merr.

54 *Knema glomerata* (Blanco) Merr.

55 *Knema tomentella* (Miq.) Warb.

56 *Knema attenuata* (Hook. f. & Th.) Warb.

57 *Knema austrosiamensis* W. J. de Wilde

58 *Knema saxatilis* W. J. de Wilde

*59 *Knema erratica* (Hook. f. & Th.) Sinclair

*60 *Knema lenta* Warb.

61 *Knema squamulosa* W. J. de wilde

62 *Knema sessiflora* W. J. de Wilde

63 *Knema rubens* (Sinclair) de Wilde

64 *Knema kinabaluensis* Sinclair

+1 *Knema matanensis* W. J. de Wilde

65 *Knema luteola* W. J. de Wilde

66 *Knema glauca* (Bl.) Warb.

67 *Knema sumatrana* (Bl.) de Wilde

68 *Knema kostermansiana* W. J. de Wilde

69 *Knema patentinervia* (Sinclair) de Wilde

70 *Knema malayana* Warb.

*71 *Knema cinerea* (Poir.) Warb.

72   *Knema stenophylla* (Warb.) Sinclair

73   *Knema hirtella* W. J. de Wilde

var. *hirtella*

var. *stylosa* W. J. de Wilde

var. *pilocarpa* W. J. de Wilde

+1   *Knema subhirtella* W. J. de Wilde

+2   *Knema mogeana* W. J. de Wilde

+3   *Knema riangensis* W. J. de Wilde

74   *Knema communis* Sinclair

75   *Knema glaucescens* Jack

76   *Knema losirensis* W. J. de Wilde

77   *Knema celebica* W. J. de Wilde

78   *Knema muscosa* Sinclair

79   *Knema pubiflora* W. J. de Wilde

80   *Knema kunstleri* (King) Warb.

subsp. *kunstleri*

subsp. *macrophylla* W. J. de Wilde

subsp. *parvifolia* (Merr.) de Wilde

subsp. *coriacea* (Warb.) de Wilde

subsp. *alpina* (Sinclair.) de Wilde

subsp. *leptophylla* W. J. de Wilde

subsp. *pseudostellata* W. J. de Wilde

81   *Knema stellata* Merr.

subsp. *stellata*

subsp. *cryptocaryoides* (Elmer.) de Wilde

subsp. *minahassae* (Warb.) de Wilde

82   *Knema conferta* (King) Warb.

83   *Knema pedicellata* W. J. de Wilde

84   *Knema emmae* W. J. de wilde

85   *Knema krusemaniana* W. J. de Wilde

86   *Knema ridsdaleana* W. J. de Wilde

87   *Knema longepilosa* (de Wilde) de Wilde

88   *Knema minima* W. J. de Wilde

附录 4　肉豆蔻属（*Myristica* Gronovius）名录

A 东南亚（Southeast Asian）分布区记录 68 个种

1　*Myristica agusanensis* Elmer

2　*Myristica alba* W. J. de Wilde

3　*Myristica andamanica* Hook.f.

4　*Myristica argentea* Warb.

5　*Myristica basilanica* W. J. de Wilde

6　*Myristica beccarii* Warb.

7　*Myristica beddomei* King

　　　　　　subsp *beddomei*

　　　　　　subsp *sphaerocarpa* W. J. de Wilde

　　　　　　subsp *ustulata* W. J. de Wilde

8　*Myristica bifurcata* W. J. de Wilde

9　*Myristica borneensis* Warb.

10　*Myristica cacayanensis* Merr.

11　*Myristica ceylancia* A. DC.

12　*Myristica cinnamomea* King

13　*Myristica colinridsdalei* W. J. de Wilde

14　*Myristica corticata* W. J. de Wilde

15　*Myristica crassa* King

16　*Myristica cumingii* Warb.

17　*Myristica dactyloides* Gaertn.

18　*Myristica depressa* W. J. de Wilde

19　*Myristica devogelii* W. J. de Wilde

20　*Myristica elliptica* Wall. ex Hook. f. & Thomson

21　*Myristica extensa* W. J. de Wilde

22　*Myristica fallax* Warb.

23　*Myristica fatua* Houtt.

24   *Myristica fissurata* W. J. de Wilde

*25   *Myristica fragrans* Houtt.

26   *Myristica frugifera* W. J. de Wilde

27   *Myristica gigantea* King

28   *Myristica guatteriifolia* A. DC.

29   *Myristica impressa* Warb.

30   *Myristica impressinervia* J. Sinclair

31   *Myristica iners* Blume

32   *Myristica insipida* R. Br.

33   *Myristica inutilis* Rich. ex A. Gray

34   *Myristica kjellbergii* W. J. de Wilde

35   *Myristica koordersii* Warb.

36   *Myristica laevis* W. J. de Wilde

37   *Myristica lancifolia* Poir.

38   *Myristica lepidota* Blume

39   *Myristica longepetiolata* W. J. de Wilde

40   *Myristica lowiana* King

41   *Myristica magnifica* Bedd.

42   *Myristica maingayi* Hook. f.

43   *Myristica malabarica* Lam.

44   *Myristica malaccensis* Hook.f.

45   *Myristica maxima* Warb.

46   *Myristica mindanaensis* Warb.

47   *Myristica nivea* Merr.

48   *Myristica papyracea* J. Sinclair

49   *Myristica perlaevis* W. J. de Wilde

50   *Myristica philippensis* Lam.

51   *Myristica pilosigemma* W. J. de Wilde

52   *Myristica pubicarpa* W. J. de Wilde

53   *Myristica robusta* W. J. de Wilde

54   *Myristica rubrinervis* W. J. de Wilde

55   *Myristica rumphii* (Blume) Kosterm

56   *Myristica sangowoensis* (J. Sinclair) de Wilde

57   *Myristica scripta* W. J. de Wilde

58   *Myristica smythiesii* J. Sinclair

59   *Myristica subalulata* Miq.

60   *Myristica succedanea* Reinw. ex Blume

61   *Myristica sumbawana* Warb.

62   *Myristica teijsmannii* Miq.

63   *Myristica ultrabasica* W. J. de Wilde

64   *Myristica umbellata* Elmer

65   *Myristica villosa* Warb.

66   *Myristica wenzelii* Merr.

67   *Myristica wyatt-smithii* Airy Shaw

*68   *Myristica yunnanensis* Y. H. Li

B 太平洋地区（Pacific）分布区记录 16 个种

1   *Myristica inutilis* Rich. ex A. Gray

                     subsp. *inutilis*

                     subsp. *platyphylla* (A. C. Smith) de Wilde

                             forma *platyphylla*

                             forma *mesophylla* W. J. de Wilde

                             forma *nanophylla* W. J. de Wilde

                             forma *procera* (A. C. Smith) de Wilde

2   *Myristica globosa* Warb.

                     subsp. *chalmersii* (Warb.) de Wilde

                     subsp. *muelleri* (Warb.) de Wilde

3   *Myristica schleinitzii* Engl.

4   *Myristica guadalcanalensis* W. J. de Wilde

5   *Myristica kajewskii* A. C. Smith

                     subsp. *kajewskii*

                     subsp. *robusta* W. J. de Wilde

6   *Myristica cerifera* A. C. Smith

7   *Myristica xylocarpa* W. J. de Wilde

8   *Myristica petiolata* A. C. Smith

9   *Myristica hypargyraea* A. Gray

                     subsp. *hypargyraea*

                     subsp. *insularis* (Kanehira) de Wilde

10   *Myristica guillauminiana* A. C. Smith

11   *Myristica gillespieana* A. C. Smith

12   *Myristica chartacea* Gillespie

13   *Myristica acsmithii* W. J. de Wilde

14   *Myristica castaneifolia* A. Gray

15   *Myristica grandifolia* A. DC.

16   *Myristica macrantha* A. C. Smith

C 新几内亚岛（New Guinea）分布区记录 96 个种

1   *Myristica archboldiana* A. C. Smith

2   *Myristica arfakensis* W. J. de Wilde

3   *Myristica argentea* Warb.

4   *Myristica atrescens* W. J. de Wilde

5   *Myristica atrocorticata* W. J. de Wilde

6   *Myristica bialata* Warb.

　　　　　　var. *bialata*

　　　　　　var. *brevipila* W. J. de Wilde

7   *Myristica bifurcata* W. J. de Wilde

8   *Myristica brachypoda* W. J. de Wilde

9   *Myristica brassii* A. C. Smith

10 *Myristica brevistipes* W. J. de Wilde

11 *Myristica buchneriana* Warb.

12 *Myristica byssacea* W. J. de Wilde

13 *Myristica carrii* Sinclair

14 *Myristica chrysophylla* Sinclair

15 *Myristica clemensii* A.C. Smith

16 *Myristica coacta* W. J. de Wilde

17 *Myristica concinna* Sinclair

18 *Myristica conspersa* W. J. de Wilde

19 *Myristica cornutiflora* Sinclair

20 *Myristica crassipes* Warb.

21 *Myristica cucullata* Markgraf

22 *Myristica cylindrocarpa* Sinclair

23 *Myristica duplopunctata* W. J. de Wilde

24 *Myristica ensifolia* Sinclair

25 *Myristica fasciculata* W. J. de Wilde

26 *Myristica fatua* Houtt.

27 *Myristica filipes* W. J. de Wilde

28 *Myristica firmipes* Sinclair

29 *Myristica fissiflora* W. J. de Wilde

30 *Myristica flavovirens* W. J. de Wilde

31 *Myristica flosculosa* Sinclair

*32 *Myristica fragrans* Houtt.

33 *Myristica fugax* W. J. de Wilde

34 *Myristica fusca* Markgraf

35 *Myristica fusiformis* W. J. de Wilde

36 *Myristica grciniifolia* Warb.

37 *Myristica globosa* Warb.

        subsp. *globosa*

        subsp. *chalmersii* (Warb.) de Wilde

38 *Myristica gracilipes* Sinclair

39 *Myristica hollrungii* Warb.

40 *Myristica hooglandii* Sinclair

41 *Myristica incredibilis* W. J. de Wilde

42 *Myristica ingens* (Foreman) de Wilde

43 *Myristica ingrata* W. J. de Wilde

44 *Myristica inopinata* Sinclair

45 *Myristica insipida* R. Br.

46 *Myristica inundata* W. J. de Wilde

47 *Myristica inutilis* Rich. ex A. Gray

        var. *papuana* (Markgraf) de Wilde

        var. *foremaniana* W. J. de Wilde

48 *Myristica kalkmanii* W. J. de wilde

49 *Myristica laevifolia* W. J. de Wilde

50 *Myristica lancifolia* Poir.

        subsp *lancifolia*

        subsp *kutubuensis* W. J. de Wilde

        subsp *montana* (Roxb.) de Wilde

51 *Myristica lasiocarpa* W. J. de Wilde

52　*Myristica lepidota* Blume

subsp *lepidota*

subsp *montanoides* (Warb.) de Wilde

53　*Myristica leptophylla* W. J. de Wilde

54　*Myristica longipes* Warb.

55　*Myristica markgraviana* A. C. Smith

56　*Myristica mediovibex* W. J. de Wilde

57　*Myristica mediterranea* W. J. de Wilde

58　*Myristica millepunctata* W. J. de Wilde

59　*Myristica nana* W. J. de Wilde

60　*Myristica neglecta* Warb.

61　*Myristica olivacea* W. J. de Wilde

62　*Myristica ornata* W. J. de Wilde

63　*Myristica ovicarpa* W. J. de Wilde

64　*Myristica pachycarpidia* W. J. de Wilde

65　*Myristica pachyphylla* A. C. Smith

66　*Myristica papillatifolia* W. J. de Wilde

67　*Myristica pedicellata* Sinclair

68　*Myristica pilosella* W. J. de Wilde

69　*Myristica polyantha* W. J. de Wilde

70　*Myristica psilocarpa* W. J. de Wilde

71　*Myristica pumila* W. J. de Wilde

72　*Myristica pygmaea* W. J. de Wilde

73　*Myristica quercicarpa* (Sinclair) de Wilde

74　*Myristica rosselensis* Sinclair

75　*Myristica schlechteri* W. J. de Wilde

76　*Myristica schleinitzii* Engl.

77　*Myristica scripta* W. J. de Wilde

78　*Myristica simulans* W. J. de Wilde

79　*Myristica sinclairii* W. J. de Wilde

80　*Myristica sogeriensis* W. J. de Wilde

81　*Myristica sphaerosperma* A. C. Smith

82　*Myristica subalulata* Miq.

83　*Myristica subcordata* Blume

84　*Myristica sulcata* Warb.

85　*Myristica tamrauensis* W. J. de Wilde

86　*Myristica tenuivenia* Sinclair

87　*Myristica trianthera* W. J. de Wilde

88　*Myristica tristis* Warb.

89　*Myristica tubiflora* Blume.

90　*Myristica umbrosa* Sinclair

91　*Myristica uncinata* Sinclair

92　*Myristica undulatifolia* Sinclair

93　*Myristica velutina* Markgraf

94　*Myristica vinkeana* W. J. de Wilde

95　*Myristica warburgii* K. Schum.

96　*Myristica womersleyi* Sinclair

说明：其中，分布区重复的种

1. *Myristica argentea* Warb.（New Guinea 3= Southeast Asian 4）

2. *Myristica bifurcata* W. J. de Wilde （New Guinea 7= Southeast Asian 8）

*3. *Myristica fragrans* Houtt. （New Guinea 32= Southeast Asian 25）

4. *Myristica fatua* Houtt. （New Guinea 26= Southeast Asian 23）

5. *Myristica globosa* Warb. （Pacific 2= New Guinea 37）

6. *Myristica insipida* R. Br.（New Guinea 45= Southeast Asian 32）

7. *Myristica inutilis* Rich. ex A. Gray （Pacific 1= New Guinea 47= Southeast Asian 33）

8. *Myristica lancifolia* Poir. （New Guinea 50= Southeast Asian 37）

9. *Myristica lepidota* Blume （New Guinea 52= Southeast Asian 38）

10. *Myristica schleinitzii* Engl. （pacific 3= New Guinea 76）

11. *Myristica scripta* W. J. de Wilde （New Guinea 77= Southeast Asian 57）

12. *Myristica subalulata* Miq. （New Guinea 82= Southeast Asian 59）

附录 5　风吹楠属（*Horsfieldia* Willd.）名录

1　　*Horsfieldia iryaghedhi* (Gaertn.) Warb.

*2　　*Horsfieldia kingii* (Hook. f.) Warb.

3　　*Horsfieldia longiflora* W. J. de Wilde

*4　　*Horsfieldia amygdalina* (Wall.)Warb.

　　　　　　　　var. *amygdalina*

　　　　　　　　var. *lanata* W.J. de Wilde

5　　*Horsfieldia micrantha* W.J. de Wilde

6　　*Horsfieldia irya* (Gaertn.) Warb.

7　　*Horsfieldia spicata* (Roxb.) Sinclair

8　　*Horsfieldia inflexa* W.J. de Wilde

9　　*Horsfieldia moluccana* W.J. de Wilde

　　　　　　　　var. *moluccana*

　　　　　　　　var. *petiolaris* W.J. de Wilde

　　　　　　　　var. *robusta* W.J. de Wilde

　　　　　　　　var. *pubescens* W.J. de Wilde

10　　*Horsfieldia parviflora* (Roxb.) Sinclair

11　　*Horsfieldia obscurinervia* Merr.

12　　*Horsfieldia ardisiifolia* (DC.) Warb.

13　　*Horsfieldia talaudensis* W.J. de Wilde

14　　*Horsfieldia samarensis* W.J. de Wilde

15　　*Horsfieldia smithii* Warb.

16　　*Horsfieldia palauensis* Kanehira

17　　*Horsfieldia olens* W.J. de Wilde

18　　*Horsfieldia sepikensis* Markgraf

19　　*Horsfieldia sylvestris* (Houtt.) Warb.

20　　*Horsfieldia australiana* S. T. Blake

21　　*Horsfieldia crux-melitensis* Markgraf

22   *Horsfieldia clavata* W.J. de Wilde

23   *Horsfieldia squamulosa* W.J. de Wilde

  +1   *Horsfieldia urceolata* W. J. de Wilde

  +2   *Horsfieldia coryandra* W. J. de Wilde

24   *Horsfieldia ampla* Markgraf

25   *Horsfieldia ampliformis* W.J. de Wilde

26   *Horsfieldia angularis* W.J. de Wilde

27   *Horsfieldia iriana* W.J. de Wilde

28   *Horsfieldia aruana* (BL.) de Wilde

29   *Horsfieldia subtilis* (Miq.) Warb.

var. *subtilis*

var. *calcarea* W.J. de Wilde

var. *aucta* W.J. de Wilde

var. *rostrata* (Mkgf.) Sinclair

30   *Horsfieldia schlechteri* Warb.

31   *Horsfieldia basifissa* W.J. de Wilde

32   *Horsfieldia sinclairii* W.J. de Wilde

33   *Horsfieldia psilantha* W.J. de Wilde

34   *Horsfieldia whitmorei* Sinclair

35   *Horsfieldia laevigata* (BL.) Warb.

var. *laevigata*

var. *novobritannica* (Sinclair) de Wilde

36   *Horsfieldia pilifera* Mkgf.

37   *Horsfieldia lancifolia* W.J. de Wilde

38   *Horsfieldia decalvata* W.J. de Wilde

39   *Horsfieldia tuberculata* (K. Sch.) Warb.

var. *tuberculata*

var. *crassivalva* W.J. de Wilde

40   *Horsfieldia corrugata* Foreman

41   *Horsfieldia pachycarpa* A. C. Smith

42   *Horsfieldia pulverulenta* Warb.

43   *Horsfieldia leptantha* W. J. de Wilde

44   *Horsfieldia hellwigii* (Warb.) Warb.

> var. *hellwigii*
>
> var. *brachycarpa* W.J. de Wilde
>
> var. *lignosa* W.J. de Wilde

45   *Horsfieldia ralunensis* Warb.

46   *Horsfieldia sabulosa* Sinclair

47   *Horsfieldia atjehensis* W.J. de Wilde

48   *Horsfieldia sucosa* (King) Warb.

> subsp. *sucosa*
>
> subsp. *bifissa* W.J. de Wilde

49   *Horsfieldia pallidicaula* de Wilde

> var. *pallidicaula*
>
> var. *microcarya* (Sinclair) W.J. de Wilde
>
> var. *macrocarya* W.J. de Wilde

+1   *Horsfieldia elongata* W. J. de Wilde

50   *Horsfieldia sparsa* W.J. de Wilde

51   *Horsfieldia triandra* W.J. de Wilde

52   *Horsfieldia tristis* W.J. de Wilde

53   *Horsfieldia fulva* (King) Warb.

54   *Horsfieldia superba* (Hook. f. & Th.) Warb.

55   *Horsfieldia sessilifolia* W.J. de Wilde

56   *Horsfieldia grandis* (Hook. f.) Warb.

57   *Horsfieldia wallichii* (Hook. f. &Th.) Warb.

58   *Horsfieldia pulcherrima* W.J. de Wilde

59   *Horsfieldia flocculosa* (King) Warb.

60   *Horsfieldia motleyi* Warb.

61   *Horsfieldia tomentosa* Warb.

62   *Horsfieldia gracilis* W. J. de Wilde

63   *Horsfieldia paucinervis* Warb.

64   *Horsfieldia splendida* W. J.de Wilde

65   *Horsfieldia rufo-lanata* Airy-Shaw

66   *Horsfieldia affinis* W. J. de Wilde

67   *Horsfieldia reticulata* Warb.

68   *Horsfieldia crassifolia* (Hook. f. & Th.) Warb.

69   *Horsfieldia carnosa* Warb.

70   *Horsfieldia sterilis* W.J. de Wilde

71   *Horsfieldia hirtiflora* W.J. de Wilde

72   *Horsfieldia brachiata* (King) Warb.

73   *Horsfieldia pachyrachis* W.J. de Wilde

74   *Horsfieldia ridleyana* (King) Warb.

75   *Horsfieldia obtusa* W.J. de Wilde

76   *Horsfieldia disticha* W.J. de Wilde

77   *Horsfieldia tenuifolia* (Sinclair) W.J. de Wilde

78   *Horsfieldia macilenta* W.J. de Wilde

79   *Horsfieldia laticostata* (Sinclair) W.J. de Wilde

80   *Horsfieldia nervosa* W.J. de Wilde

81   *Horsfieldia polyspherula* (Hook. f. emend. King) J. Sinclair

                          var. *polyspherula*

                          var. *sumatrana* (Miq.) W.J. de Wilde

                          var. *maxima* W.J. de Wilde

82   *Horsfieldia oligocarpa* Warb.

83   *Horsfieldia endertii* de Wilde

84   *Horsfieldia valida* (Miq.) Warb.

85   *Horsfieldia borneensis* de Wilde

86   *Horsfieldia fragillima* Airy Shaw

87   *Horsfieldia androphora* W.J. de Wilde

88   *Horsfieldia amplomontana* W.J. de Wilde

89   *Horsfieldia montana* Airy Shaw

90   *Horsfieldia punctata* W.J. de Wilde

91   *Horsfieldia costulata* (Miq.) Warb.

92   *Horsfieldia subalpina* Sinclair

subsp. *subalpina*

subsp. *kinabaluensis* W.J. de Wilde

93   *Horsfieldia obscura* W. J. de Wilde

+1   *Horsfieldia discolor* W. J. de Wilde

94   *Horsfieldia xanthina* Airy Shaw

subsp. *xanthina*

subsp. *macrophylla* W.J. de Wilde

95   *Horsfieldia majuscula* (King) Warb.

96   *Horsfieldia coriacea* W.J. de Wilde

97   *Horsfieldia penangiana* J. Sinlair

98   *Horsfieldia punctatifolia* Sinclair

99   *Horsfieldia macrothyrsa* (Miq.) Warb.

*100   *Horsfieldia glabra* (BL.) Warb.

var. *glabra*

var. *javanica* W.J. de Wilde

var. *oviflora* W.J. de Wilde

101   *Horsfieldia perangusta* W. J. de Wilde

102   *Horsfieldia platantha* W. J. de Wilde

103   *Horsfieldia romblonensis* W. J. de Wilde